物理基础教学与训练研究

刘　洋　姚治伟　赵玉研◎著

线装書局

图书在版编目（CIP）数据

物理基础教学与训练研究/刘洋，姚治伟，赵玉研
著.--北京：线装书局，2023.9
ISBN 978-7-5120-5687-9

Ⅰ.①物… Ⅱ.①刘… ②姚… ③赵… Ⅲ.①物理教
学—教学研究 Ⅳ.①O4

中国国家版本馆 CIP 数据核字 (2023) 第 171943 号

物理基础教学与训练研究
WULI JICHU JIAOXUE YU XUNLIAN YANJIU

作　　者：刘　洋　姚治伟　赵玉研
责任编辑：林　菲
出版发行：线装書局
　　　　　地　　址：北京市丰台区方庄日月天地大厦 B 座 17 层（100078）
　　　　　电　　话：010-58077126（发行部）010-58076938（总编室）
　　　　　网　　址：www.zgxzsj.com
经　　销：新华书店
印　　制：北京四海锦诚印刷技术有限公司
开　　本：787mm×1092mm　　1/16
印　　张：9.75
字　　数：188千字
版　　次：2024年7月第1版第1次印刷
定　　价：88.00元

线装书局官方微信

前　言

　　物理学是一门以实验为基础的学科，是由一些基本概念、基本规律和理论组成的体系严谨、精密定量的科学，属于自然科学的一部分，研究物质运动的基本规律和物质的基本结构。在物理教学的过程中，教师教给学生的不应该仅仅是物理知识，更应该教会学生的是方法、态度以及科研精神，更要培养的是学生科学探索精神、创新意识和终身学习的愿望。因此，不断改进物理教学工作，是每一个物理教学工作者的共同愿望，而加强基础知识和基本技能训练，则是问题的核心，目前，对加强学校物理课中的基础知识教学和训练越来越重要。

　　本书是物理方向的书籍，主要研究物理基础教学与训练，本书从物理教学概述入手，针对物理教学模式、应用以及管理创新的策略进行了分析研究；另外对水利工程档案管理、探究式教学、物理课程资源与教学设计做了一定的介绍；还对信息技术支持下的物理课堂教学、物理学习兴趣培养策略提出了一些建议；旨在摸索出一条适合现代物理基础教学与训练工作创新的科学道路，帮助其工作者在应用中少走弯路，运用科学方法，提高效率。对物理基础教学与训练的应用创新有一定的借鉴意义。

　　另外，作者在写作本书时参考了国内外同行的许多著作和文献，在此一并向涉及的作者表示衷心感谢。由于作者水平有限，书中难免存在不足之处，恳请读者批评指正。

目　录

第一章 物理教学概述

第一节 物理教学的定义与基本特征

一、物理教学的定义

教育的本质是传授一种科学的思想体系，培养学生科学的思维能力，学会自己掌握所学学科的规律。物理学是一门自然科学的基础学科，教给学生的都是唯物主义的科学知识和科学规律。

物理教学综合运用多门学科的知识和方法，以物理教学过程为研究对象，研究物理教学过程中的问题，总结其特点和规律，以期对物理教学实践起指导作用。

（一）物理教学的研究对象和学科性质

要研究物理教学首先要了解普通教学论，因为普通教学论是物理教学的重要基础。以下简要说明普通教学论。

随着教学论的不断发展，国内外学者对其形成了各种不同的看法，总的来看，大致可分为两类：国外学者和我国学者多数认为，教学论的研究对象是教学的一般规律；也有教学论研究者多数认为，教学论的研究对象是各种具体的教学变量和教学要素，例如，唐肯（M. J. Dunkin）和比德（b. J. Biddle）认为教学论的研究对象是先在变量、过程变量、情境变量和结果变量这几种教学变量。

两种观点各存利弊：前一种观点，虽然探索教学规律是教学论研究的主要目的和最基本任务，但并不能由此就将教研任务和教学规律作为研究对象；后一种观点，研究对象虽然具体、清晰，在研究中容易操作，但以简单枚举为主要研究方法，给人雾里看花的感觉，难以真正反映教学论研究的全貌。

这里总结以上两种观点并进行进一步的探索，认为教育领域中教与学的活动是教学论的研究对象，并细化其研究对象主要有以下三个方面。

1. 教学论要研究教与学的关系

教与学的活动虽然多由多种教与学的因素构成的，例如教师与学生、学生与学生、教师与教材、学生与教材等，但我们认为，教学活动中最本质的关系是教与学的关系，是教师与学生在交流活动中知识授受之间的关系。在教学活动中，教师和学生，两者相互依存，相互促进，相互制约，共同构成了教学的过程的主要矛盾，并且其贯穿教学过程始终。正是这一主要矛盾的运动发展，决定了教学的本质和规律。因此，在教学论研究过程中，教学论的根本问题是教与学本质关系的问题，抓住了教与学的本质，也就掌握了教学论的基本规律。

2. 教学论要研究教与学的条件

所谓教与学的条件，主要就是指教学活动所需的以及对教学的质量、效率、广度和深度产生直接或间接影响的各种因素。在教与学的整个过程中都离不开一定教学条件的支持与配合。不同的社会对教育提出不同的要求，在不同的社会条件下又要求有不同的教学目的、教学内容和教学形式。教学活动的发生总是离不开社会的政治、经济、科技、文化等基本条件的影响。因此，教学论应当对影响教学活动的基本条件进行一定的研究。然而，我们在具体意义上教学论所谈的教学条件，更主要的还是指那些贯穿在教学过程中对教与学产生着更为直接、具体影响的主客观因素，如教学设施、班级气氛、教学手段、学生的知识经验准备和认知结构、教材以及教师的学识和能力等。

3. 教学论要研究教与学的操作

教学论主要注重研究教与学的实际操作问题。它既要研究教学的一般原理和规律，研究教学中的条件，还要研究如何将此原理和规律运用到实际的教学过程当中，研究如何更好地利用教学条件设计、组织教学，以期提高教学效率。教学论要研究各种教学方法的适用范围以及具体实践要求，如教学设计的程序、方法和基本模式，教学评价工具的编制技术和使用规范，课堂管理的技术和方法，教学环境因素的调控策略等等。我们既要加强教学基本原理的研究，又要重视对教与学操作问题的研究，这不仅有利于理论与实践的结合，而且也有利于教学论的学科建设和发展。

教与学的关系、教与学的条件以及教与学的操作三者之间的密切联系和制约，共同构成了教学论完整的研究对象。分别可以产生教学的原理、教学的知识、教学的技术三大块研究结果。这些研究结果共同构成一个相对完整的教学论体系。

（二）物理教学的研究对象

物理学是一门自然基础学科的重要学科，物理教学又是普通教学论的一个重要分支学科，因此物理教学具有举足轻重的地位。物理教学的研究对象是物理教育的全过程，即在物理学科范围内研究教育以及受教育者的全面发展，研究全面体现物理学科教育功能的规律。物理教学是在普通教学论的基础上更加充分具体地论述物理学科的特点，具有独有的特性、独立的研究范围和研究对象。物理教学论和普通教学论是普通教学论的特例，既拥有普通教学论的共性，又有自己的个性。

物理教学的特殊性表现之一，在于它的研究范畴是物理教学，研究对象是物理教学中遇到的各种问题。虽然物理教学中的问题很多，但它主要有普遍性的问题和特殊性问题两类。物理教学着重研究物理教学中的普遍性问题，并且揭示其一般性规律和特点。物理教学是高高在上的纯理论，它的研究成果在物理教学实践中具有能发挥指导和预见作用，使人们对物理教学实践的研究建立在坚实的理论基础上。

（三）物理教学的目的和任务

物理教学是一门综合性和实践性都很强的交叉学科，是物理教师教育中不可或缺的一门学科。

开设物理教学的目的，是让准备从事物理教学工作的未来老师，掌握物理教学的一般规律和方法，具备初步的物理教学能力和教学研究能力，为顺利从事物理教学、教学研究和其专业素质的不断发展和提高奠定良好的基础。

总之，物理教学对物理教师的发展和成长起基础作用，学好这门课程对想从事物理教育事业的学生具有十分重要的意义和价值。

二、物理教学的基本特征

物理学研究物质的基本结构，研究最普遍的相互作用和最一般的运动规律。自然界的物质结构有其规律，物质运动有其规律，物理教学同样有规律。我们认识物理教学的规律，尊重教学规律，按物理教学规律进行教学就能提高课堂教学的质量，就能有效地落实新课程提出的三维培养目标。

（一）物理教学过程

教学过程是以学生为主体，在教师的辅导下，学习掌握科学知识、发展能力、提高素质和逐步认识客观世界的过程。教学论研究的重要领域之一是教学过程的概念和特性。只有正确认识和理解教学过程的相关理论，才能制定出符合客观规律的教学原则，为确定选择教学方法提供理论依据。

1. 教学过程的含义

教学过程是一种认识过程，它与人类的认识过程具有普遍的一致性。这种一致性主要表现人在认识活动中的认识基础、认识目的以及认识过程等方面。从这个意义上来讲，教学过程应受人类一般认识过程规律的影响和制约。

教学过程具有除人类的一般认识过程共性之外的特殊性，其特殊性具体表现在以下几个方面：

（1）引导性

教学过程的认识是通过教师的指导，进行有目的有计划的活动，不是学生独自完成的；

（2）间接性

教学过程是运用间接的方式学习和掌握间接的经验；

（3）有序性

人类的认识过程往往表现出具有一定的跳跃性和曲折性，但教学过程中的教学体系是将物理学的逻辑性和学生年龄特征有机结合而成的，具有较强的有序性；

（4）简捷性

教学过程不是简单地重复传授前人创立知识的过程，而走的是一条认识的捷径，是一种经过专门设计的简化的缩短的认识过程。

显然，认识教学过程的这些特殊性，有助于我们更好地遵循教学过程的客观规律来组织教学。

2. 物理教学过程的特点

物理教学过程的特点，既是一般教学过程特点的反映，又是物理学本身的特点，是由物理教学目的和学生物理学习特点共同决定的。具体来说，物理教学过程有以下五个基本特点。

（1）以观察和实验为基础

观察和实验作为一种手段，特别是作为一种物理学的基本思想或基本观点，在物理学的形成和发展中起着十分重要的作用。物理学研究中的观察和实验的思想和方法，必然影响和制约着物理教学过程。

物理教学必须建立在观察和实验的基础上。在物理教学中，观察和实验是学生获得感性认识的主要来源，它为学生进行物理思维、实现从感性认识到理性认识的飞跃提供了必要的手段，能帮助学生深刻理解物理知识是在怎样的基础上建立起来的，使他们学习的物理知识不至于迷茫。

有效地的利用观察和实验来组织教学，激发学生学习物理的兴趣。这是训练和提高学生的实验技能以及培养学生的观察能力和实验能力的基本途径和重要手段。

物理课程标准明确提出可对学生观察和实验能力的培养问题，要求培养学生观察、实验能力的要求；要求学生知道实验目的和条件、制定实验方案、尝试选择实验方法及所需要的实验装置和器材、考虑实验的变量及控制方法；要求学生动手做好实验并重视收集实验数据，要充分体现学生自主性和时代特征；要求物理教师做好演示实验，指导并鼓励学生多做一些课外小实验，把所学的知识和技能运用于实际，切实培养学生的实验操作能力，激发学生的探究欲望。

（2）以数学方法为研究方法和手段

数学方法的运用具有独特的优点，其具体表现在以下三个方面：

其一、数学方法的高度概括性特征，为描述具有深刻内涵的物理概念和规律提供了最佳表达方式；

其二、数学方法简捷而又严密的逻辑思维方式，为简化和加速人们进行物理思维的进程提供了助力；

其三、数学方法作为计算工具所具有的严密性、逻辑性和可操作性等特性，在物理理论的建立、发展和应用等方面有着重要的作用。

综上所述可知，充分发挥数学方法和数学思维在处理、分析、表述和解决物理问题中的作用，在物理教学中，恰当适时地引导学生有针对性地将物理问题和数学方法有机地结合起来，运用数学方法解决物理问题。只有这样，才能促使学生真正理解和掌握物理知识，并在此过程中逐步提高学生分析和解决物理问题的能力。

（3）以概念和规律为中心

物理教学必须特别重视物理概念和规律的教学，使之成为教学的中心之一。学生能有效掌握物理学科基本结构的核心，重视和加强物理概念与规律的教学是有效手段之一。学生理解和掌握了物理学科的基本结构，有助于学生对物理学知识一个全方位的了解，并且有助于学生知识结构的系统化。

由于物理概念和规律注重学生抽象思维的发展，因此，它也有助于训练和培养学生较全面的素质能力。

（4）以辩证唯物主义作为指导思想

辩证唯物主义思想作为一种科学严谨的哲学思想，渗透于物理教学的整个过程中。物理思维的方式和进程以及人们科学世界观的形成和发展都要受到辩证唯物主义思想的影响和制约。从各个方面来考虑，物理教学过程都必须以辩证唯物主义思想为指导，揭示和阐述物理概念、物理规律的内涵。只有这样，辩证唯物主义思想才能在长期的教学过程中潜移默化地影响和熏陶学生，使其拥有正确的价值观和世界观。不仅如此，在长期的教学过程中，既传授了物理的基本知识，也自然而然地树立了学生辩证唯物主义的思想和观点。

（5）发展学生的情感、态度、价值观

教学的过程不仅仅是向学生传授人类已有的文化和知识，还要在教学过程中培养学生的思维能力、想象力和创新能力等。不仅如此，还要在教学的过程中渗透情感教育，磨砺学生的意志，陶冶其情操，提高其人文素养，使其心智全面发展，并且促使学生全面、和谐、健康发展。教师在教学过程中关注的是全体学生，但学生之间会有个体的差异，因此要求教师利用情感的渗透，了解每一个学生在学习和成长过程中遇到的特殊问题，同时关注每一个学生思想、情感和道德品质的形成过程，让学生形成正确的态度，以及正确的价值观、人生观和世界观。

（6）注重培养学生对社会的责任感

物理学是自然基础科学重要的基础学科，它渗透于各个自然学科，在人类的发展历程中起重要的推动作用。物理学学习帮助学生了解物理学在科学技术发展以及人类发展中的重要作用，并引导学生关注科学技术的发展给社会带来的负面影响，增强学生的社会责任感和历史使命感，尊重科学发展的客观规律，树立正确的价值观。

基于上面的论述，在物理教学过程中，教师应选取大量的物理科学发展对社会进步及影响的实际例子，丰富课堂，让学生对物理科学对社会的影响有一个更直观的印象。当然，教师不可能将数量庞大的信息在有限的时间内提供给学生，因此许多内容可以精选、精讲，而有的可以点到为止，鼓励学生通过阅读教科书和补充材料，收集各种形式的信息，通过调查研究等方式进行学习。

课堂教学活动和社会实践相结合也是值得大力提倡的。物理教学不应仅仅局限于课堂教学和书本知识的学习，还要通过多种形式与课内外、校内外活动的紧密结合，让学生广泛接触社会和生活，让书本知识联系实际生活，甚至服务于生活，从而激发和保持学生的学习兴趣。

（二）物理教学方法

在知识的传授过程中需要运用一定的科学方法，才能使学生更有效地接受和理解所学的知识。在教学过程中形成的方法和规律统称为教学方法。特定的物理教学方法也叫教学模式，在接下来的章节将会详细阐述。教学方法具有服务性、多边性、有序性三个主要特征。教学方法是在教学过程中决定知识是否有效传授、教学任务是否完成、以及教学目标是否实现的一个关键性因素。因此，高效率地使用一些教学方法在物理教学过程中有着至关重要的作用。下面简要说明在物理教学过程中用到的一些方法。

1. 物理课堂教学的基本技能

物理课堂教学的环节有三个：引入、展开与总结。在这些环节中伴随老师的指导和监控。以下从这三个环节具体说明。

（1）课堂引入

课堂引入是指在正式讲课之前教师运用一定的方式方法将学生从别的思绪和注意力中引导进入接下来要讲的内容当中。成功的课堂引入能集中学生的注意力，引起学生的学习兴趣，达到承上启下、开宗明义的目的，把学生带入物理情境，调动学生积极性，为完成教学任务创造条件。成功的选材是课堂的成功引入的关键。所选的材料要紧扣课题，且是学生熟悉的，与实际生活贴近，和接下来要讲的知识紧密连接。生活中有趣、新奇的事例，紧迫的问题，这些都有助于引起学生强烈的探究心理和学习兴趣。成功的课堂不仅要吸引学生的注意力，还要引导学生积极地思考和探索，为成功地切入接下来的课程做好准备。

实际教学中，物理教师常采用：直接引入法、资料导入法、问题引导法、实验引入法、复习引入法、猜想引入法、类比引入法等。下面就其中几种方法简要说明。

直接引入法是指直接导出本节的课题。该法操作简单容易，但效果一般。因为新课内容对学生是陌生的，这种方法既联系不了前概念，又引不起知识的迁移，更激不起学习的兴趣，因此教师一般很少采用。

资料导入法是指用各种资料（如物理学史料、科学家轶事、故事等），依教学内容，通过巧妙地选择和编排来引入新课。用生动的故事将学生的注意力成功引入，思维顺着故事的情节进入学习物理的轨道。

问题引入法是指针对所要讲的内容结合生活实际或已有的物理知识，设计一些能引起学生兴趣的问题来引入新课。

实验引入法是指通过演示实验学生边学边实验来展现物理现象引入新课。它使抽象知识被物化和活化，而且创造的情境让学生由惊奇、沉思到急于进一步揭露实质，达到引入新课的目的。

复习引入法是通过温故已学知识提出新问题，引导学生进入新课的学习方法。通过复习，找出新旧知识的关联点，然后提出新课题，让学生的思维向更深的层次展开。它能降低学生接受新知识的难度。

顺利的课堂引入有利于学生提出各种"猜想和假设"，为"探究式学习"开启方便之门。

（2）课堂教学

成功将学生引入课堂以后，老师让学生带着各种疑惑和不解开启了课堂正式授课的过程，学生急切地想知道问题的所以然。接下来就是分析问题、解决问题的过程，是整节课的关键内容所在。

具体到物理教师的问题就是要考虑如何将物理问题展开，把已有的物理知识体系通过正确的有效的方式巧妙地传授，使学生能更好地接受。对物理问题的展开有逻辑展开和实验展开两种方式。

逻辑展开，即"问题——结构——原理——结构——运用"的模式，突出逻辑结构的分析，由物理问题引向知识的建构。

实验展开，即"问题——实验——观察原理——运用"的模式，突出以实验为主要手段，创设与物理问题对应的物理情境。

凡能用实验展开的物理问题，都尽可能采用实验展开，让学生通过对物理知识的物化和活化，求得感知。

对物理问题展开的过程中，还会遇到说明、论证和反驳等方法。

说明

物理教学的过程中常用的说明方法有释义、举例、描述、比喻、比较等。一些用实验或逻辑方式得到的概念，不是用一句简短的话就能定义，而需要释义；一些十分抽象的概念，就要举例说明，使学生有一个鲜明的印象；在叙述物理现象、事实和原理时，为了形象、直观、生动，运用合理的修饰，这就是描述；为使深奥的道理浅显易懂，可利用贴切的比喻；为揭示易混概念之间的本质差异，以帮助学生建立起清晰、准确的概念，可运用比较。

论证

论证是指从一些判断的真实性，进而推断出另一些判断的真实性的语言表达过程。比如，用实验呈现的某物理现象或事实，要通过它们寻求规律，至少需简单枚举归纳推理才能总结出来；有些物理规律需从已知的原理、定律运用演绎方法推出；为了给抽象的物理事实提供一个类似的比较形象直观的模型，从而实现知识的迁移，常使用类比推理。归纳、演绎、类比等都是物理教师课堂教学展开时常用的论证方式。

反驳

确立某个论题虚假性的论证即为反驳。比如，学习牛顿第一定律时就要反驳亚里士多德的错误观点，运用逻辑思维推理的方法对错误的理论进行反驳。为了使反驳具有说服力，要找到真实、充足的论据，确立明确的立论。

（3）课堂总结

对物理知识的阶段性总结不仅能使所学的知识条理化、系统化，使学生获得清晰而深刻的印象，并强化记忆，还能适当地将知识引申拓宽，促使学生的思维活动深入展开，激发继续学习的积极性。因此，每一堂课后都要对这堂课所学的知识做一个小结。物理课堂总结常见的有首尾照应式、系统归纳式、比较记忆式，针对练习式四种形式。

首尾照应式

首尾照应式就是在课堂开始时提出一个与本节课密切相关的一个问题，设置悬念，通过课堂对新知识的讲解以求学生利用所学新知识解释此问题，在课堂的结尾引导学生解答此问题，达到课堂首尾呼应的教学方法。

系统归纳式

系统归纳式是指在课堂活动结尾时，将一节课所学的主要内容、知识结构进行总结归纳。总结的语言力求简洁明了，可以借助图表图像的形式。这样既有助于学生对这节课的新知识有一个整体的把握，又有助于学生把新知识和以往所学知识产生联系，构成一个系统。学生掌握知识的重点及知识的系统性，有利于学生记忆和利用。这种系统归纳总结的方法在实际的物理教学中用得较多。但此种方法不够生动活泼，偏于死板，在知识密集型的时候才独具优势。

针对练习式

针对所学的知识，设计一定的习题，在解题的过程中不仅能复习新知识，也能从不同的侧面对新知识有一个了解。

比较记忆式

比较记忆式是指将本节课讲授的新知识与具有可比性的旧知识加以对比。同中求异，掌握事物本质特征加以区别；异中求同，掌握事物的内在联系加以深化。以此帮助学生加深对所学知识的理解和记忆，开拓思路使新旧知识融会贯通，提高知识的迁移能力。比较是认识事物的重要方法，也是进行识记的有效方法。它可以帮助我们准确地辨别记忆对象，抓住它们的不同特征进行记忆，也可以帮助我们从事物之间的联系上去掌握记忆对象，抓住它们的关系进行系统化记忆。

（4）课堂提问与调控

在引入阶段、展开阶段和总结阶段，向学生提出问题，要求思考和回答，这是课堂提问；为保证教学任务的顺利完成，教师对学生进行的带有约束性的管理，这是课堂调控。

例如，某些低年级学生的心理发展尚未成熟，注意力易分散，尤其是对时间长、内容单一的活动易产生疲劳和厌烦，于是难以抑制约束自己。这种自控能力较低的表现，使物理教师的课堂管理调控能力显得极其重要。恰当地运用提问，不仅可以调动学生，诊断学生遇到的学习障碍，还可以转换学生的注意力，更为有效地实现课堂教学的管理调控。

由此可知课堂提问对调动学生和课堂活跃的重要性。因此课堂问题要具有吸引力，能引起学生足够的兴趣和产生探究的动力；课堂问题要难易适度，让学生体验到成功的喜悦；课堂问题力求题意明确，不要因为选词选句不当引起学生疑惑、误解和猜测。充分了解学生，是问题设计是否成功的又一因素。设计问题时，应充分估计学生的可能答案，尤其是错误答案，并且准备好相应的对策。根据课堂情况，把握好提问的时间。提问是面向全班学生的，而学生的水平参差不齐，因而要针对性地设计一些不同难度的问题，照顾到班里低水平的学生，充分地尊重每一个学生。

只有经过精心设计的、切实符合学生心理和认知水平的问题，才可能调动全体学生的积极性。一旦学生的积极性主动性被调动起来了，一个对物理学习的有利条件和良好环境也就形成了。这时，无需任何严肃的指令，学生都能自觉自愿地去学习和思考，这也就是最有效的教学管理调控。

2. 教师的教法

物理教学具有一般教学的基本特点同时也有其特殊性。在物理学有限的基本教学方法当中物理教师可以加以挑选，根据具体教学情况并加以综合运用，从而创造出生动活泼的具体的教学方法。物理的基本教学方法有以下 6 种：

（1）讲解法

讲解法是主要是运用口头语言的形式，适当辅以其他教学手段，如图片、幻灯片、板书等，向学生传递知识信息，使学生掌握知识，启发学生思维，发展学生能力。讲解法在物理教学中是应用最广泛最基本的一种教学方法。它适合于教学内容系统、理论性强的知识讲解。它既可以描述物理现象，叙述物理事实，解释物理概念，又可以论证原理，阐明规律。

讲解法的优点是它能系统地讲解复杂的密集的知识，使学生在短时间内获得大量的知识信息。但讲解法的缺点也是显而易见的。这种方法的主体是教师，学生处于比较被动的地位，等待老师知识的灌输，不能充分发挥学生的主观能动性，不能照顾个别差异，学生学得的知识不易保持。尽管如此，在当今信息社会里，讲解法仍是重要的教学方法之一，这也正是整个教学需要改进的地方。

讲解法对教师的教学素养有较高的要求。教师要以生动形象，富有感染力、说服力的语言，清晰、明确地揭示问题的要害，积极地引导学生开展思维活动。同时，要适当地配合利用挂图、板书、板画、演示、实验等教学手段。教师讲的内容不仅包括结论性的知识，也包括相应的思维活动方式。教师在讲解知识的同时，也要把自己的教学思路以及提出问题、分析问题和解决问题的过程呈现给学生。学生的学习，主要是在教师指引的思路之下，对教师讲解的内容进行思考和理解，并从中学到一些研究问题、处理问题的方法。

在物理教学中，运用讲解法应当做到以下三个方面。①符合学生的认知水平。如果脱离学生的认知水平，那么学生已有的认知结构中就找不到适当的、可以同化新知识的观念，从而使新知识不能纳入学生的认知结构，便成为机械接受、机械记忆。②突出重点。教师应该巧妙地运用变式，从新的角度、视野进行分析和阐述，而不是机械式地简单重复知识。具有启发性教师的讲解不能平铺直叙和强行灌输，而要不断提出问题、分析问题、解决问题。③疑问是学生开展思维活动的诱发剂和促进剂，它能够充分调动学生的积极性和主动性。综上就是讲解法应该具备的特点。

（2）角色扮演法

让学生亲身体验，以某种角色来感受实际，并通过自己的思维对已有的观念行为进行抉择、判断，让学生的个体行为表现和价值观得以外显的教学方法就是角色扮演法。角色扮演法为学生提供体验真实环境的机会，让他们站在特定的角色立场上，从而对自己的行为价值观有一个直观和切身体会的感受，以及同老师赋予的价值观进行比较，从而形成正确的科学态度及价值观。比如，在学习正确用电知识后，学生可以结合自己家里的实际情况，提出安全用电以及节约用电的方案。

角色扮演是将物理学的问题转化为与学生生活实际紧密联系的内容，学生在参与社会决策中，能自觉运用所学的物理知识去分析、判断，从而在扮演、体验和决策的过程中提高自己运用物理知识的能力，同时在科学态度与价值观方面也获得教益。

（3）资料搜集与专题讨论法

在现代信息环境逐渐发展和日益普及的大环境下，获取教学资源的途径也变得越来越多，越来越容易。比如有传统的图书馆资料查询、通过上网来搜集与物理学科有关的各种信息资料，或者查阅文献资料。教师在此过程中起引导和启发的作用，引导学生正确查阅自己所需资料的方法和途径，比如关于期刊论文、专利、技术标准资料的查询方法。教师在此过程兼具答疑解惑的角色，学生遇到的问题，老师不仅要及时解答，还要敏锐地预见学生将要遇到的问题，并引导学生提出解决方案。引导学生查找一次文献，整理加工成具有目录、文摘、索引的合集；了解二次文献及三次文献的区别和查阅方法。

物理课程的新理念包括：从生活走向物理，从物理走向社会；注意学科渗透，关心科学发展等内容。围绕这些概念，物理教学采用专题讨论。专题可以是学生尚未学过的某个物理知识内容，也可以是物理学与经济、社会发展互动专题，也可以是其他与物理知识相关学生感兴趣的专题。

采用资料搜集与专题讨论教学法，首先由学生自主确定学习内容的专题，学生独立阅读文献资料，并结合自己原有认知对所获得的信息进行选择、加工和处理。接着学生进行小组讨论，参加讨论的每一个学生都可能就专题提出自己的看法，相互交流，从中获得比课堂教学更深一步的认识和了解。最后以小组为单位形成专题研修报告。报告最后由老师给出总结和评价。

资料搜集与专题讨论法在倡导发展学生自主学习能力和独立探究能力的今天，为许多物理教师所采用。这种方法的优点是培养了学生独立思考、获取知识的能力，并且在学生自己查阅资料的过程中加深了对知识点的了解，以及深刻理解物理学知识与社会的联系。因此这种方法值得深入研究探讨，并且大力提倡。

（4）实验法

实验法是教师运用演示实验或学生实验进行教学的一种教学方式，包括演示实验、边讲边实验、学生分组实验、课外实验等多种教学形式。

实验法主要是靠学生认真观察教师演示或亲自己动手所做实验的现象，把实验感知与思维活动紧密结合，从而获得知识，掌握技能，发展智力，提高能力。

运用实验法时，教师主要是创造实验条件和环境，指导学生动手操作，动脑发现问题，积极思考。在教学过程中。学生在教师的指导下，亲手操作，进行观察、记录、分析、综合实验现象，归纳得出结论。

实验法直观性强，物理现象在学生头脑中形成的表象生动，对物理概念的形成、物理规律的建立以及对知识的理解具有十分重要的促进作用，并且能够激发学生物理学习的兴趣与动机。实验法在激发学生学习物理的兴趣，培养学生观察能力、实验操作技能，养成勤于动手、善于思考的良好习惯以及严谨的科学态度和实事求是的工作作风方面具有其他方法不可替代的作用。

（5）调查法

具备一定社会活动能力的学生，可以设计一些与物理学科内容相关的问题让他们到工矿企业、科研机构、展览馆、商店、社区等地方去参观、访问，并就一些能够使学生在物理知识与技能、过程与方法、情感态度与价值观这几个方面获得教益的问题或现象展开调查。教师在其中的作用就是要指导学生制订调查计划，在调查对象、内容结果处理等方面形成可操作的具体计划；在实施调查的过程中，要帮助学生形成调查报告；教师在审阅调查报告的过程中，要对学生在调查中所表现出的思维方法和能力进行评定和总结，帮助学生从调查中的感性认识上升到理性认识，最终理解和掌握物理学知识，并且增强学生的社会意识和社会责任感。

（6）读书指导法

读书指导法类似于资料搜集和专题讨论法，不过读书指导法是指教师指导学生阅读教科书和其他有关书籍而获取知识并发展智能的教学方法。此方法是资料搜集方法的特殊例子。它有利于培养学生的自学能力和习惯，便于从学生的实际出发；有利于教师个别指导和因材施教，是学生运用新课程倡导的自主学习方式时常用的方法。但这种教学方法也具有一定的局限性，它适于难度较小的章节或段落，有利于叙述性和推证性的知识内容，不利于培养学生观察、想象、操作等能力，限制了师生的情感交流与认知上的及时反馈。

3. 学生的学法

好的且行之有效的学习方法会极大地提高学习质量。学生掌握物理知识与技能，完成物理学习任务的心理能动过程，就是学生的学法。它具有很强的实践性和功效性。好的有效的学习方法要经过反复实践，并在良师指导下扩充和完善逐步形成。

（1）善于阅读与思考

善于思考和阅读是学习任何一门学科知识都要具备的素质。同理，物理学科作为一门特殊的科学知识，学习的时候同样需对教材和有关资料进行阅读的。而教材和有关资料上的文字符号往往是一维空间性质的信息，其图示、照片充其量是二维空间（或时空）的信息。现实中的物理研究对象大都是四维的，即三维空间和一维时间紧密相连的客体，且它们在四维时空里不断发展变化着。物理科学此种特殊性对物理学习者提出了新的要求。学习者阅读时要按照其中文图叙述的逻辑顺序实现上述转换的逆转换，即将低维信息在头脑中还原成原本存在的高维信息。然而，不是所有的物理知识都能通过上述行为来活化和物化的，一些通过思维加工抽象的物理概念及规律，需要学习者也经历同样的思维过程才能领悟其中丰富的内涵。因此，阅读与思考在物理学习中十分重要。

物理学习中出类拔萃的学生，阅读时能够比较全面领会其中的内容。除了阅读教材的内容，他还喜欢读物理方面的课外书。经常的阅读习惯帮助他们分辨，从什么地方能快捷、准确地找到自己需要的资料。面对众多类似的乃至书名相同的读物，他们大致有几种阅读的方法：浏览书名、作者、出版者、前言和书中的目录，大体知道该书研究些什么，采用什么研究方法，是否是自己最需要阅读的，然后决定取舍；将阅读获得的新知识与原有的旧知识进行比较，弄清它们之间的关系，以此加深理解；会通过实际应用检查学习效果，必要时还会再次阅读。

（2）善于观察和喜欢实验

观察与实验是物理学习与研究中非常重要的方法。物理学是一门实践性很强的学科，其知识体系主要来源于对物理对象的观察与实验，即使是抽象思维总结的内容，最终也须经受观察与实验等实践的检验，才能上升为物理理论。

但也并非所有的物理现象及其规律都可以通过观察就能探究。由于许多物理的发生和变化是受周围环境的影响和制约，要探究其物理对象的功能和属性，要经过人为控制条件下的实验。实验可以活化和物化研究对象，可以创设问题情景，可以渗透物理思想和科学研究方法，可以培养学生动手操作能力、观察思维能力，甚至锻炼其意志品质。

基于物理实验的重要性，不重视实验的学生学好物理是比较困难的。勤于动手的学生，在物理实验操作上才能显得熟练而从容，他能比别人赢得更多的时间去思考：如何确定实验目的，明确操作要求和步骤；如何选择实验原理表述和测量的方法、测量用的仪器设备；如何发现、分析和处理实验中出现的误差；如何应对可能出现的意外情况等。

（3）具有合作精神

与别人讨论、协商、合作、竞争是物理学习者在学习过程中更好地完成自己的知识构建，以使自己的认识更为准确，更加全面的一种有效的学习方法。汇聚众长补己之短。无论是分组讨论或是分组实验，不断地与同学思想发生碰撞，大胆发表自己的看法，认真倾听别人的意见，既坚持原则又尊重他人。

当同学学习上遇到困难，要乐于交流自己的学习方法，因为在解答同学提出的疑难问题的同时，自己的学习水平也得到提高。通常情况下，物理优秀的学生更加具备合作精神。

4. 物理教学方法的选择与运用

（1）教学方法的选择

教学方法纷呈繁复，随着教学改革的不断深入，又会有许多新的有效的方法产生。因而，在实际教学时，教师如何正确选择一种乃至几种教学方法是老师必须要面对的问题，也是影响教学质量的关键问题之一。教学方法的选择是有客观基础的，不能单凭主观意向来确定。选择教学方法的依据至少包括以下五个方面：

依据教学目的

不同的教学目的对应不同的教学方法。要选择与教学目的相适应、能够实现教学目的的教学方法。对教学方法的选择直接起着导向作用的是具体的教学目标，即由总的教学目的、教学任务分解出来的每个学期、单元、每节课的具体教学目标。每一方面的目标都需要有与该项目标相适应的教学方法。因此，为了选择最佳教学方法，教师必须懂得有关目标分类的知识，能够把总的较为抽象的教学目标、教学任务分解为具体的可操作的教学目标，并根据这些目标来确定用何种教学方法进行教学。

依据学生的实际情况

教学过程面对的是全班主体，但全班学生是由一个个独具个性和特点的个体组成的。教学方法的选择还要受到学生的个性心理特征和所具有的基础知识条件的制约。对不同年龄阶段的学生需要采用不同的教学方法。直观法，有利于简单易懂的知识的传授，并且对学生的要求较低，在低年级阶段大多采用此方法。教学方法还要依据情况不断变换更新，这样有助学生保持对学习的兴趣和积极性。抽象、独立性较强的教学方法适用于较高年级的学生。较高年级的学生具有较强的理解能力，具备一定的独立思考解决问题的能力。除此之外还有讨论法、实验法、问题探讨法、演绎法等。除了个性心理特征上的差别外，学生已有的知识基础和构成的方式也是千差万别的，这对教学方法的选择也有至关重要的影响。

依据教材内容

应依据具体教材内容的教学要求采用与之相适应的教学方法，因为一门学科的内容总是由各方面内容构成的内容体系，在这一体系中，不同的内容又具有不同的内在逻辑和特点，可以根据内容的特点选择不同的方法，如归纳法、演绎法、探索法和讨论法等。

依据教师的特点

教师作为知识的主要传授者，在教学过程中起至关重要的作用。教师也具有各自的优点，各自擅长的领域。好的教学方法不仅要适应学生和教材，还要根据老师的个性而定。例如，有的教师擅长生动的语言表述，可以把问题的事实和现象描绘得形象、具体，由浅入深地讲清道理；有的教师则善于运用直面的内容，也包括发展认知技能、认知策略方面的内容，还包括培养态度方面的内容。教师的个性也会影响他们对教学方法的使用。

依据客观条件

全国各地教学质量参差不齐，客观条件也是影响教学方法选择的一个因素。有些学校教学设备充足、实验室宽敞，则可以选用学生一人一套器材做分组实验的教学方法；有的学校设备不足，就应该采用几人一套仪器的教学方法；有的学校有多媒体，并且每个教室都能够上网，则可以实现信息技术与物理教学的整合。如果没有多媒体设备，就要采用传统的投影仪等教学手段。

（2）教学方法的运用

根据各自条件选择了适当的教学方法，还要能够在教学实践教学中正确地运用。为了在物理教学实践中正确运用教学方法，需要做到以下几个方面。

娴熟运用各种基本方法

讲解法、讨论法、读书指导法、演示法、实验法、练习法等是最基本的教学方法。每一种教学方法都是由教师活动的方式和学生活动的方式以及信息反馈系统构成，他们都具有相对的稳定性。而每种方法的使用是随着教师、学生和教学条件的变化而变化的。教师应该熟练地掌握各种教学基本方法，才能为以后在各种教学过程中自由娴熟地切换各种教学方法打下坚实的基础。也只有掌握了这些最基本的教学方法，才有可能掌握新的更复杂的方法，才有可能创造出新的教学方法。

善于综合运用教学方法

在教学过程中，学生知识的获得，能力的培养，不可能只依靠一种教学方法，必须把各种教学方法合理地结合起来。为了更好地完成教学任务，教师在运用教学方法时要树立整体的观念，注意各种教学方法之间的有机配合，充分发挥教学方法体系的整体性功能。

坚持以启发式教学为指导思想

教学中的具体方法是很多的，但不论采用什么方法，都必须坚持以启发式教学为总的指导思想。启发式是指教师从学生实际出发，采取多种有效的形式去调动学生学习的积极性、主动性和独立性，引导学生通过自己的智力活动去掌握知识、发展认识能力。

现在采用的许多教学方法都包含着启发的因素，有利于调动学生学习的主动性、积极性。但是，启发性因素的作用能否得到发挥，在很大程度上取决于运用教学方法的指导思想。教师若以启发式思想为指导运用讲解法、谈话法、读书指导法、练习法等教学方法，就能唤起学生的学习兴趣，激发学生的求知欲，启发学生独立思考，使学生的学习收到举一反三、触类旁通的效果。因此，运用教学方法，要始终坚持以启发式教学思想为指导，充分发挥学生作为学习主体的能动作用。

第二节　物理教学的科学性与重要性

教学是一种特殊的认识活动，是教师和学生的共同活动。物理教师的主导作用主要体现在：给学生传授物理知识的同时，还需要有计划地进行思想教育；引导学生用正确的观点和态度观察周围事物；注意对学生思维、品质的训练和意志的磨炼。

一、物理教学的科学性

辩证唯物主义思想始终贯穿在物理教学的整个过程中，因此物理教学具有科学性。这种科学性具体表现在物理教学过程中，就是教学思想、内容、方法的正确性、准确性与先进性。

（一）教学思想的科学性

在物理教学的全过程中，学生都应当是学习的主体。实际经验表明，要使物理课程的教学成为学生全面发展的基本途径，除了充分看重学生的人格、尊严和权利之外，还要调动学生自身的学习积极性，主动参加物理学习和探究。也就是说，物理教学过程中，教师与学生的一切努力说到底，就是为了实现学生在心理行为上发生自我调节，发生知识的正迁移，从而培养能力，提高物理科学素养。

另外，物理教学应当体现物理学科独特的基本观点。它们是：实验的观点，靠观察和研究物理对象一般不确切，难以发现内在规律和本质性的东西，只有实验，才能对被观察的客体做出较正确的判断；量的观点，物理学总是喜欢运用数学的研究方法来分析简化问题，总是力求能够定量分析，尽可能从数量的关系上去把握物理意义，去挖掘其内涵和开拓其外延，从而更深刻地认识其本质规律；统计的观点，物理学认为物质的宏观特点是大量微观粒子行为的集体表现，宏观物理量是相应微观物理量的统计平均值，物理学研究物质客观现象的本质时，根据物质结构建立在宏观量与微观量之间这一关系的基础上，一般都采用统计方法分析和解决问题；守恒的、对称的观点，物理学认为，自然界运动及其转化的守恒性具有两个不可分割的含义，一是自然界各种物质运动形式的转化，在质上也是守恒的，另一方面，改变空间地点、方向或改变时间，物理规律不变；而把物理规律做"平面镜成像"式的空间反演或者经"时光倒流"式的时间反演，有些情况规律不变，有些情况规律发生了变化，前者称为"对称"，后者称为"破缺"（即不对称）。研究表明，每一种时间变换的对称性都对应一条守恒定律。当物理理论同实验发生冲突或物理理论内部出现悖论时，往往会发生一些对称性的破坏，即破缺。这时从更高的层次上建立更加普遍的对称性。

（二）教学内容的科学性

教学内容既包括客观存在的教材也包括师生在课堂上进行双向交流的内容。

首先，教材所体现的知识结构体系是科学的，即教材中所阐述的物理概念和规律是有充分的事实依据，物理定理、结论的推导是有正确的逻辑推理。教材具有的科学性表现在以下方面：物理教材要讲清楚学生在各学习阶段应知应会的基本概念和规律、物理的基本观点和思想以及物理实验的一些基本技能；简要说明物理学的发展历程，使学生能够关注物理学对经济、社会发展的影响以及物理学与其他学科之间的联系；教材内容的选择、知识结构的编排要符合学生智能发展的规律，要符合学生心理认知规律。

教材具有科学性具体到物理教学中的例子。例如，在初中，要"改变学科本位"，有意淡化物理学科知识体系特有的逻辑结构；而在普通高中的物理教学内容中这种"淡化"应当减弱；到了大学阶段，为能科学地给物理专业的学生提供完整的物理知识结构体系，则应必须强调教学内容的逻辑结构。这是因为当教材的逻辑与学生的心理逻辑一致时，学生就会对这种"心理化的教材"产生浓厚的兴趣，从而主动积极地学习。

师生在课堂上进行双向交流内容的科学性，包括两条：其一是表述的物理知识内容要准确无误；其二是阐述物理规律要具备逻辑思维的严密，要对每一个物理现象、物理概念、规律都能正确地解释，并能准确地运用物理术语或图示表达出来。

二、物理规律与辩证唯物主义

通过物理学基本概念、规律及方法论的教学，使学生认识到物质世界和人类社会的客观性和运动性，向学生揭露物理现象和过程的本来面目，阐述物理知识本身内在的辩证关系。例如，不同的物质具有不同的属性，如密度、比热、导电性等；物态变化、透镜成像、光的颜色与频率的关系都包含着量变到质变的哲理；力和运动状态的变化，一段导体中电流与电压的关系、光电效应等，反映了内外因的关系；正负电荷、南北磁极、作用力和反作用力、电和磁的关系等都反映了矛盾的对立统一规律；对于光的本性认识，从牛顿（Isaac Newton）最早提出的微粒说，尔后惠更斯（Christiaan Huygens）提出波动说，麦克斯韦（James Clerk Maxwell）认为光是一种电磁波，最后才认识到光的波粒二象性，这说明了人们的认识有"否定之否定"的过程；从牛顿运动定律到爱因斯坦相对论的建立，说明了真理的相对性。因此，物理教学是对学生进行辩证唯物主义教育极为重要的时机，也是使学生建立真正的科学世界观必不可少的基础。

三、物理思想与科学方法

物理学是一门以实验为基础的学科，在物理教材中，有大量的演示实验和学生实验，应在实验教学中严格要求学生做好每一个实验，做到明确目的、弄懂原理、了解仪器性能、清楚步骤、遵守操作程序、认真观察现象、记录必要数据、如实填写实验报告、作出合理结论。以此来培养学生严肃认真的科学态度。在物理教学中要重视揭示人类对物理规律的发现所经历的曲折道路及认识的发展过程。如伽利略从实验事实揭示出物体运动的本质，推翻了亚里士多德的只有力作用在物体上才能运动的观点。牛顿在此基础上，并根据他自己的研究，总结了运动三定律。伽利略的实验虽然是想象中的实验，但它们是建立在可靠事实的基础上的，伽利略经过抽象思维，抓住主要因素，忽略次要因素，从而能够更深刻地反映自然规律。这种把事实和思维结合起来理想化的模型是一种重要的研究自然的科学方法。

四、教学方法的科学性

在物理教学过程中，不仅要注重对学生的启发教育，还要符合学生认知规律，做到这两点的教学方法才是科学的。

教师在物理教学过程中，设计的一切有利于学生主体发挥能动性的活动，是否能调动学生，是否能启发学生，这一点很重要。只有具备启发性的东西，才可能引起学生学习的注意、思考的兴趣，进而主动地去领悟，去理解，去应用。

学生要经历科学探究过程，认识科学探究的意义，尝试应用科学探索的方法研究物理问题，验证物理规律。在这个过程中需要教师合理的诱导、精心的组织安排，比如问题的设计、实验仪器的安排、物理情境的创设等等，从而启发学生积极主动地进入探究式学习。

凡是符合学生认知规律的教学方法都有存在的价值。就科学性而言，"循序渐进"是不应当被忽视的。物理教材的编写应按问题从易到难、从简单到复杂的顺序步步深入的。经常地复习巩固，及时发现和补救在知识与能力中的缺陷，使教学连贯进行下去，使生学习物理从不懂到懂，从懂到熟练掌握，从学会到会学，这就是循序渐进。

总之，不论是教师教物理还是学生学物理，只有符合学生认知规律的方法，才是科学的。

五、物理教学的重要性

物理学作为一门基础学科，它已经渗透到各个学科，物理学与其他学科的交叉渗透因而产生了一些新的学科。比如物理学和化学交叉产生化学物理学、材料物理学，和地理学交叉产生地理物理学，等等。由此可见，物理学在人类社会发展中重要的地位，因而物理教学也有着同样的重要性。物理教学的很多重要性表现在物理教学过程中：坚持主动性、趣味性、有序性以及实践性原则。

（一）主动性原则

在物理教学中，要贯彻教师指导作用与学生学习主动性相统一的原则，其要求主要有三个方面。

第一，教师要善于激发学生的学习兴趣，助其形成正确的学习动机。学生的学习是一种能动的活动，它是在各种动机的影响下进行的，经常受学生的认识、愿望、情感的心理活动的支配。所以应培养学生的学习兴趣，形成他们学习的内部诱因。学习动机与学习目的有密切的联系。实践证明，学生对即将进行的教学活动的意义和学习目的认识越明确，学习兴趣就越高，注意力就越集中，学习效果就越好。

教师的指导作用主要表现在能激发学生的求知欲和学习兴趣，培养学生在学习上的责任感。首先，教师在教学中以丰富有趣，逻辑性、系统性很强的内容和生动的教学方法吸引学生的学习。其次，教师本身的情感更具有很强的感染力，如果教师有强烈的求知欲，热爱物理学，以饱满的情绪带领学生探索物理世界的奥秘，就会对学生的学习兴趣和情绪产生积极的影响。

第二，注意创设问题情景，启发学生积极思考。学生的积极思维常常是从遇到的问题开始的，教师应为学生创造独立思考的条件。为此，教师要根据教科书的特点和学生的实际，不断提出难易适度、环环相扣的问题，引导学生积极思考。

第三，要培养学生自主探究的能力，养成良好的学习习惯。学生学习的自觉性、积极性不仅表现在对物理学习必要性的认识和具有强烈的物理学习兴趣和需求上，而且还表现在能开展独立思考，具有自主学习的能力上。在教学中，教师要利用谈话、讨论等方法来启发学生把握方向、认真钻研、获取结论，逐步减少对教师指导作用的依赖性。

（二）趣味性原则

物理教科书中有许多成比例，有组织，呈对称，简单、和谐与多样统一的内容，它们被表现在理论体系、科学概念、数学方程的结构和系统中，表现在逻辑结构的合理匀称和丰富多彩的相互联系里，表现在若干观察与实验的新鲜奇妙上。物理学所蕴含的趣味性要求老师在教学的过程中正确地引导，恰当地呈现，从而激发学生学习和探索的兴趣。

物理学中蕴含一种"科学美"，正确的引导、合适的材料选择都有助于学生悟出这种"科学美"，从而获得一种美的享受。把趣味性归还给学习过程实际上是要求做到教学过程中美感的互通、敬业的互通。教师要怀美而教，学生要求美而学，这就要求我们努力挖掘物理教材中各种美的因素，各种充满趣味性的内容，适时地激发起求知的欲望和创造的热情。

教师上课时对学生的热爱、理解和期待的美意表现在精心设计的教学程序、巧妙构思的设问或演示，还有规范的操作、工整的板书、和善的态度等等，从而激励和感动学生。学生学习时对祖国、人民和老师的责任感、信任和爱戴的美意表现在对物理学科知识学习的必要性，在学习中既专注又主动，通过积极认真的钻研，进一步感悟学物理的乐趣，从而支持和感动教师。

（三）有序性原则

有序性原则是指教学活动要按照学科的逻辑结构和学生身心发展规律，有次序有步骤地进行，以期使学生有效地掌握系统的知识，促进身心健康发展。

有序原则在教学中要求课程标准和教科书的内容必须保持最合理的体系和结构，要依据学科的逻辑顺序和学生不同年龄阶段发展的顺序特点编写。教科书的每一部分都要有逻辑联系，后面的内容应建立在前面内容的基础之上。

教师在把书本内容具体化为适合教学活动的教学内容时，应把学科结构改造成适合某一学习阶段学生能普遍接受和理解的形式，使其范围、深度、进度能同自己的教学对象的实际水平相适应。

在教学中，贯彻有序性原则，应遵循以下三个方面的要求：

第一，教学过程的有序性。有序性原则还要体现在拟定教学进度计划、安排阶段总结、组织课外学习活动等过程中，但最重要的还是要抓好课堂教学的顺序。一般说来，课堂教学要遵循一定的教学秩序，但教师又不能把课堂教学基本阶段的某种顺序绝对化，而是要根据教科书的特点、学生的认识水平、学习程度和教学的物质基础条件来安排讲课顺序。在教学过程中，教师要善于把教科书的内容化难为易，化繁为简；坚持由近及远，由已知到未知，深入浅出地讲授，使学生顺利地掌握。

第二，教学内容的有序性。教师必须掌握好教学内容体系，掌握知识与知识之间的衔接关系，并把它很好地反映在教学设计中，力求使新教材与学生已有的知识密切联系起来，逐步扩大和加深学生的知识。但是，在教学实践中，还必须突出重点和难点。学生真正掌握了教学内容的重点，就能以点带面，举一反三；理解难点，就可以突破学习障碍。所以教师应在教科书的重点和难点上多下功夫。

第三，学生学习的有序性。有序性原则，既要体现在教师的活动上，还要体现在学生自身的学习中。学生的学习是一个循序渐进的过程，应该日积月累、系统地进行学习。因此，教师应通过系统传授知识和必要的常规训练，培养学生踏实、系统学习知识的良好习惯。学生在学习过程中，要学会合理地规划学习活动；对所学知识的漏洞或缺陷应及时弥补；坚持在掌握前一段知识后，进入下一阶段的学习。这样，才能顺利地掌握系统的知识和技能。

（四）实践性原则

实践性是指由物理学科特点和学生认知规律所决定的教学实践，还有由物理与技术、物理与社会紧密联系所决定的教学实践。

通常，物理学家总先通过观察与实验认识物理对象特征，再凭借理性思维提出假说，建立理想模型，运用数学对假说进行定量描述，最后还要用观察与实验对定量描述的内容加以检验和修正，使假说成为科学结论，即完成第一层次循环。随着研究的深入，可能会出现一些理论解释不了的新问题，需要采用更先进的研究手段，从而进入下一个层次的循环，以达到认识的深入和理论的更趋合理和完善。可见，物理学是以科学观察与实验等实践活动为基础建立起来的科学，物理学的这一特点决定了物理学的概念、规律都植根于观察与实验。

学生学习物理要先获得感性认识，通过观察实验，再现生动、鲜明的物理事实，使教师要教、学生要学的物理知识被活化和物化，这对于学生来说，无疑是必不可少的。不重视观察与实验的物理教学是没有完成教学任务的教学；不重视引导学生观察与实验的教师是不负责任的教师；不重视观察与实验的学生是难以学好物理的学生。

实践性原则还要求我们，要坚持物理与技术、社会联系的教学实践。物理科学提供知识，解决理论问题；技术提供应用知识的手段和方法，解决实际问题；社会则要求以一定的价值观念作指导，使物理科学与技术相结合真正造福于社会。众所周知，技术的设备、工艺和相应工程都运用到物理学知识。然而，物理与技术的结合，并不全是造福于社会的。比如，核武器是物理与技术结合的产物，它至今仍在威胁着地球的生存与人类社会的安宁。科学技术是一柄"双刃剑"，用得不好，它不仅不能造福于社会，反而会祸害社会。虽然物理科学理论本身不具有情感、态度与价值观，而物理知识的应用要面向社会，应用物理知识的人具有情感、态度与价值观，因此，我们的物理教育、教学必须坚持把物理知识与现实的生产、生活联系起来，把学习与应用联系起来，让学生在实践中培养起正确的社会责任感，正确的情感、态度与价值观。

（五）全面性原则

物理教学中，全面性原则是指师生在认识和做法上要考虑周全。

1. 知识、能力和科学素养的全面提高

物理知识的教学是各个阶段物理教学的主要内容和形式，但它不是唯一的，学生各种能力与科学素养的发展要渗透于其中。学生通过演示和各种类型的实验教学，培养自身的观察、实验能力；通过形成物理概念、掌握物理规律的过程，培养自身的各种思维能力；通过物理教材内容中客观存在的辩证唯物的思想、各种科学美的因素、各种严谨求实的事例，陶冶自身的高尚情操与品德，而相当数量的渗透就足以使人能够感知方法并获得各种能力，进而通过不同学科所培养的同一能力的内聚，进一步提高对科学知识以及科学研究过程的理解。另外，对科学、技术和社会三者相互影响的理解，也进一步提高自身的科学素养。因此，知识的学习、能力的培养、科学素养的提高，是需要而且可能在物理教学中统一起来的。在物理教学过程中，无论是教还是学，都要把知识、能力、科学素养三者统一起来。

2. 因材施教，面向全体

物理教学必须面向全体学生，注重全面打好物理知识的基础，使每个学生都能有效地学习物理。另外，要承认差异，并根据具体存在的差异，采取不同的教学方法，因材施教，让学生的个性特长在教学过程中得到发展，从而促进物理学习。

3. 继承且发展

学生学习的是前人总结的物理知识和物理技能，这是继承。大量调查表明，学生离开学校后，很难记住也不会用到很深的物理知识和专业性很强的物理研究方法，他们能够长期记住和受益的是物理学使用的、物理教学倡导的科学思想方法和物理教学所培养的能力以及非智力因素的发展。

因此，我们要既看到物理学为其他自然科学和工程技术的奠基，又看到物理学科的文化教育功能，让接受物理教育的每位成员视角更新、更全面。另外。只有学生的自学能力提高了，懂得学什么和怎样学了，其智力水平才算真正提高了。也只有达到这一目标，物理教学才算是成功的教学。

第二章 物理教学模式

第一节 物理教学模式的特点

物理课程区别于其他课程的特殊性，决定了物理教学模式的特殊性。从物理教学的特点理解归纳物理教学模式的特点。

一、物理教学模式要有新意

传统的教学模式是单纯的知识性教学，教师通过对概念的讲解要学生理解物理知识并且识记。但物理知识往往都是对自然的抽象描述，传统的教学模式必然给学生的学习带来困难，而且不利于学生对物理建立兴趣。现代的教学模式要求结合物理课程的特点建立具有新意的教学模式，让学生对知识的探索产生浓厚的兴趣。教学模式的新意主要表现在以下几个方面。

（一）新理念——体现先进的教育教学思想

理念是行为的指导，不同的理念引导不同的行为。观念是改革的先导，不同的教学理念，会带来不同的教学设计，取得不同的学习效果。教师的教育观念决定着教师的行为，教师教育观念转变是有效地进行课堂教学的关键。

物理课程对学生提出的要求是，不仅要掌握陈述性知识，更要掌握程序性知识和策略性知识。围绕这一要求，物理课程对人才的培养目标是，促进每一个学生的发展和学生终身学习的愿望与能力的培养，尊重学生的个性与差异，发展学生的潜能；为了达到这一目标必然要求教师建立新的教学观念以适应这种教学模式，要求教师关注学生的学习兴趣和经验，倡导学生主动参与学习，建立和学生之间新的师生角色关系。

物理教学活动必须建立在学生的认知发展水平和已有的知识经验基础之上。教师应激发学生的学习积极性，向学生提供充分从事物理活动的机会，帮助他们在自主探索和合作交流的过程中真正理解和掌握基本的物理知识与技能、物理思想和方法，获得广泛的物理活动经验。学生是物理学习的主人，教师是物理学习的组织者、引导者与合作者。

物理课程对学生也提出了不同的要求，那就是我们在物理教学中究竟要培养什么样的学生。要使每一位学生都能全面和谐地发展，都能使个性得到充分发展。尊重每一个学生的个性、特性和独立性。

物理课程要求物理评价体系要促进学生发展、教师提高和不断改进教学的作用。

评价的主要目的是全面了解学生的物理学习历程，激励学生的学习和改进教师的教学；应建立评价目标多元、评价方法多样的评价体系。对物理学习的评价要关注学生学习的结果，更要关注他们学习的过程；要关注学生物理学习的水平，更要关注他们在物理活动中所表现出来的情感与态度，帮助学生认识自我，建立信心。

（二）新思路——体现构思新颖、实用高效的教学思路

教学的设计思路是一堂物理课成功的一个关键因素。面对同样的教学素材和教学情境，由于教学设计思路不同，课堂教学效果却大不相同。

（三）新手段——重视现代化手段的运用

计算机的普及使很多学校都拥有了这一有利条件。运用多媒体计算机辅助教学，能较好地处理好大与小、远与近、动与静、快与慢、局部与整体的关系，能吸引学生的注意力，使抽象的物理概念能通过多媒体的表述变得直观易懂，启迪学生的思维，扩大信息量，提高教学效率。可以说，现代教学技术和手段的推广使用为教学方法的改革发展开辟了广阔的天地。

二、物理教学模式要有趣味

"兴趣是最好的老师"，孔子也曾说过："知之者不如好之者，好之者不如乐之者。"由此可见，培养学生的学习兴趣，让学生在愉快的气氛中学习，是调动学生学习积极性、提高教学质量的至关重要的条件，也是提高学生学习效率的有效措施。学生有了学习兴趣，学习活动对他们来说就不是一种负担，而是一种享受，一种愉快的体验，学生会越学越愿学、越爱学。怎样使物理教学模式有趣味呢？

（一）利用好课程导入阶段

导入新课是一堂课的重要环节，也是引起学生对这堂课感兴趣的关键一步。俗话说

"良好的开端是成功的一半"。好的导入能集中学生的注意力，激起学生学习热情和兴趣，引发学习动机，能引起学生的认知冲突，打破学生的心理平衡，使学生很快进入学习状态。为此，要经常从教材的特点出发，通过组织有兴趣的小游戏，讲述生动的小故事，或以一个激起思维的物理问题等方法导入新课。

学生往往具有好奇心比较强，而学习目的性、自觉性和注意力稳定性差，具体形象思维占优势等特点，因此为了吸引学生的注意力，需要结合课题引入一定的故事情节，诱发学习兴趣。

（二）讲授新课时保持学习兴趣

以往的教学认为学习知识是一件艰苦的事情，在学习过程中，即需要一定的意志努力。然而如果是学习自己感兴趣的事物，那么"苦事"也会变成一件"乐事"，变"苦学"为"乐学"，变"要我学"为"我要学"。那么如何让学生在学习的过程中保持热情呢？注意做到以下几点：

重视运用教具、学具和电化教学手段，让学生的多种感官都参加到教学活动之中。

营造良好的教学氛围，建立和谐的师生关系，使学生在轻松愉快的环境中学习。

创设良好的教学情境，通过富有启发性的问题，通过组织学生互相交流，通过让学生不断体验到成功的欢乐保持学生的学习兴趣。

（三）巩固练习时提高学习兴趣

巩固练习阶段是帮助学生掌握新知、形成技能、发展智力、培养能力的重要手段。心理实验证明：学生经过近三十分钟的紧张学习之后，注意力已经度过了最佳时期。此时，学生易疲劳，学习兴趣容易降低，成绩较差的学生的表现尤为明显。为了保持较好的学习状态，提高学生的练习兴趣，除了注意练习的目的性、典型性、层次性和针对性以外，我们还要特别注意练习形式的设计，注意使练习有趣味性。

三、物理教学课堂要有活力

充分调动学生的学习积极性，让课堂教学焕发出生命活力，让课堂活起来，使学习变得有趣味。物理教学的活力不仅仅是表面上课程的内容活、经验活、情境活，实质上是师生双方的知识活、经验活、智力活、能力活、情感活、精神活、生命活。

（一）教学方法灵活

物理教学的方法多种多样，每一种教学方法都有其特点和适用范围，不存在任何情况下对任何年龄学生都有效的万能的教学方法。因此，要从实际出发，选择恰当的教学方法，而且随着教学改革的不断深入，还要创造新的教学方法，以适应时代的要求。

"教学有法，但无定法，贵在得法"，教学中要注意多种方法的有机结合，坚持"一法为主，多法配合"，逐步做到教学时间用得最少，教学效果最好，达到教学方法的整体优化。但无论采用何种方法，教师都要坚持启发式教学，都要坚持在教师的指导下，让学生积极主动地通过动脑、动口、动手、动眼，积极主动地参与学习活动，都要坚持面向全体、因材施教的教学原则，都要坚持让学生把学习当成是一种乐趣，而不是一种负担。

（二）活用教材

教师对教材钻研的程度直接关系到教学质量。要想教得好，全在于运用；要想运用得好全在于吃透，只有熟悉大纲，吃透教材，使教材的精神内化为自己的思想，上课时才能挥洒自如，得心应手，才能做到教得轻松、学得愉快。

（三）让学生"活"起来

只有调动了学生的积极性，使学生在课堂上"活"起来，学生才有可能主动、生动、活泼地展示自己，才能健康全面地发展自己。把学生教活很重要的两个方面就是课堂上要注意培养学生的问题意识，要让学生有思维活动，有物理思考。

无论是对教师还是对学生来说，问题意识应该成为基本意识。因为，所谓教学，说到底，就是师生共同探讨研究解决问题的过程。在这一过程中，学生如果学会了如何发现、分析和解决问题，那么，教师的教才能见成效，学生的主体地位才能得到充分体现。

物理课上要有物理思考，有学生的思维活动，也就是我们现在经常提到的物理课要有"物理味"。

四、物理教学要追求实效

（一）物理教学中要讲求实效

每一个教学目标的建立都要在课堂上落到实处，不要走过场。这尤其是针对物理教学中的实验教学。

合理地确定教学内容的广度和深度；明确教学的重点、难点和关键；合理安排教学的顺序。要把物理教学和学生的生活实际联系起来，讲来源，讲用处，改变过去"掐头去尾只烧中段"的做法。让学生感到生活周围处处有物理，学起来有亲切感、真实感，要靠知识本身的魅力来吸引学生。同时教学过程中做到三个延伸。一是由传授知识向传导方法延伸，二是由传授知识向渗透情感延伸，三是由传授知识向发展智能延伸。

（二）课堂训练扎实

即体现边讲边练，讲练结合。做到练有目的，练有重点，练有层次，形式多样，针对性强，并注意反馈及时、准确、高效。

（三）教学目标落实

学生主动参与学习；师生、生生之间保持有效的互动；学习材料、时间和空间得到充分保障；学生形成对知识真正的理解；学生的自我监控和反思能力得到培养；学生获得积极的情感体验，这六个方面都能落到实处了，那这节物理课的目标就算是达成了。

五、物理教学要有美的体验

（一）教师教学的风格美

所谓教学风格，是指教师在长期的教学实践中逐步形成的适合自己个性特征的教学观点、教学方法和教学技巧的独特结合与表现。它也是判断教师在教学上是否成熟的标志。没有教师的个性化教学就很难促成学生的个性化学习。一个人教师教学风格的形成和教师的个性气质还有教学经历往往是分不开的。

（二）学习氛围美

一个人只有在宽松的氛围中，才会展现自己的内心世界，才会勇于表现自我，个人的主观能动性才能得到发挥。学生只有在民主和谐的气氛中学习，才能心情舒畅，才能使思维始终处于积极的活跃的状态，才能敢想、敢说、敢于质疑问难。教学过程是师生相互交流的双边活动过程。师生以什么样的心境进入教学过程，是学生主动参与学习并取得教学效果的前提。民主、和谐、宽松、自由的教学氛围，能够最大限度地发挥人的主体性。

课堂教学中要减少对学生自主学习时间的占领，为学生提供积极思考、主动探索与合作交流的空间，使学生多一些自由的体验。我们要为学生创造富有个性化、人性化的学习氛围和空间，使学生的个性特长和学习优势得到充分的发挥。

（三）感受美

感受美不仅仅要让学生感受到物理的审美价值，还让学生感受到在求知探索的过程中的满足感，达到美的享受。在课堂教学中，注重利用成功带来的积极体验促进学生的学习，并使学生获得精神上的满足和享受，是当代国内外课堂教学改革的一个重要特征。

我们要用发展的眼光看待学生，关注学生的成长过程，及时肯定、赞赏学生的点滴进步，让他们感受到学习成功的欢乐，心中唤起自豪感和自尊感。

第二节　物理教学模式的作用

一、物理教学模式的实践价值

克服单一、刻板的教学形式，利用各种途径和各种方法去挖掘培养人才，从而多出人才、出好人才，是教学改革的一个主要方面。因此，如何实行多样化的教学，保持教学系统的最大活力，就从实践上提出了研究教学模式的必要性。

二、物理教学模式的理论价值

物理教学模式可以帮助我们从整体上去综合地认识和探讨物理教学过程中各种因素之间的相互作用及其多样化的表现形态，有利于我们从动态上去把握物理教学过程的本质和规律。这对于改变长期以来形而上学的思维方式，只重视对物理教学各个部分的研究而忽视它们之间的相互联系来说，是有一定作用的。

物理教学模式可以较好地发挥物理教学理论具体化和物理教学经验概括化的中介作用，是物理教学理论和物理教学实践得以相互沟通的桥梁。因而，对物理教学模式的研究，堪称找到了解决物理教学理论与物理教学实践之间矛盾的机制。

三、建立新的融洽的师生关系

教学是教师和学生的互动，是教师和学生通过知识的纽带建立一种联系。因此良好的师生关系是进行正常的教学活动，提高物理教学效率的保证。融洽的师生关系还有利于学生身心的健康，对师生双方良好的品质的形成也起着重要的作用。但现实的物理教育中师生关系还有很多地方不尽人意，也直接或间接地导致了物理教学的现状的产生，这是素质教育实现的障碍。改革新型师生关系是每一位物理教师必须面对的课题，也是新课程目标的必然要求。因此作为物理教师必须运用新课程理念构建起一种新型的师生关系。

新的物理教学模式的建立对于改善师生关系，建立良好的学习氛围有很大的作用。学习过程是主动建构的过程，是对事物和现象不断解释和理解的过程，是对既有的知识体系不断进行再创造再加工以获得新的意义、新的理解的过程。物理课程的教学提倡自主、探究、合作学习，要求老师评价语言多样化，能激发学生探索的热情。教师在评价时多用"你的想法有新意""你的见解有独到之处""你还有什么新设想"等积极的鼓励的言语，能帮助学生建立学习的信心，激发学生学习的热情。即使学生回答错了也要给予鼓励："你想到这方面，你再想想还有另外的因素影响吗？"尊重学生个性的发展，呵护学生的自尊。教师在建立积极向上的学习氛围的同时，引导学生逐渐能发表自己的看法。物理教学模式有利于教师与学生之间相互合作、交流，教学过程中教师和学生之间的平等的朋友式的关系，使学生体验平等、自由、民主、尊重、信任、同情、理解和宽容，形成自主自觉的意识、探索求知的欲望，开拓创新的激情和积极进取的人生态度。

依据物理教学模式需要物理教师要了解学生的生活世界，与学生不断地沟通、交流，彼此尊重，建立起新型和谐的师生关系。教学的过程中教师要善于利用生活中实际的例子，把抽象的物理知识和概念具象化，使学生易理解，并且生活化的学习情境有利于提高学生的学习热情，增加学习的兴趣。例如，在学习"声音"内容时，要求学生自带乐器，并允许音乐方面有特长的学生讲解他对声音特性的理解，利用学生擅长的一面来学习新知识，理解新知识，更利于学生自信心的建立，建立对物理学习的热情。这样才能把课堂真正还给学生，把学习的主动权交给学生。

另外，物理教学模式还有助于教师培训。现在的教师培训都要学习教育学知识，但由于停留于传授知识上，学生或教师不感兴趣，效果不显著。如果能够充实实际知识，充分发挥教学模式库的作用，使学习者能够掌握数种基本教学模式，那定能收到良好的效果。

四、实现探究式物理教学

物理知识的形成是一个漫长的过程，其间包含着人们丰富的创造性发挥。学生学习物理知识就是掌握前人的经验，进而转化为自己的精神财富，因此物理教师要在教学中应有意识地创设情景让学生体验和经历知识的形成过程，感受某些物理定律的发现过程，经历物理问题解决的探索过程。例如，在组织"牛顿第一定律"的教学中，先以问题导入：

第一，如果一个人在沙地上玩花样滑冰，能滑行吗？

第二，假如这个人是在水泥地上花样滑冰呢，可行吗？

第三，假如这个人是在冰上玩花样滑冰呢，可以吗？

这样既符合了认知规律又有利于激发学生的学习兴趣，有利于学生思维能力的培养。

物理教学模式注重物理知识联系生活实际。日常生活中的物理，是指物理来源于生活、生产实际，同时学习物理又服务于生产、生活。因此在学习新的物理知识时，尽可能以一些实际例子导入新课，尽量与现实原型进行联系。例如，用学生的近视眼镜作为凹透镜现实原型，使用筷子时可作为杠杆的现实原型等。通过联系现实原型，有利于农村学生理解物理知识的实际内容，认识到物理知识来源于现实生活和生产实践，从而唤起学生对物理知识的渴求。使学生感受到物理的应用，体会到学好物理的重要作用，加深对物理的认识，让学生找到学习物理的信心。

五、物理教学模式有利于物理课堂环节的优化

课堂教学环节与课堂教学的效益密切相关，优化教学就是使其每一个环节尽量合理化、科学化。物理教学模式中一个非常重要的环节就是新课的导入环节，下面就新课导入环节的一些方法谈谈物理教学模式对物理课程的影响。

第一，由生活中的错误经验导入新课；

第二，由生活中熟悉的现象导入新课；

第三，由小实验导入新课；

第四，由演示实验导入新课；

第五，由提出疑问导入新课；

第六，由介绍物理知识的实际应用导入新课。

导入新课的方法很多，只要广大教师积极探索，认真去想，认真去实践，就会产生好的效果。

物理教学模式要运用课堂教学结构、环节的新理论、新技术，因此必须把握好两个原则：一是学生学习的主体性，即课堂教学环节的优化要有利于发挥学生的学习的主体作用，有利于学生的自主学习为中心，给学生较多的思考、探索、发现、想象、创造的时间和空间，使其能在教师的启发引导下，独立完成，培养科学的学习习惯和掌握科学的学习方法；二是学生认识发展的规律性，即确定课堂教学每一环节要符合学生认识发展和心理活动的规律。

注重课后作业环节，布置作业要有层次感，如，在学习了"摩擦力"后，除布置一些基础习题外，还可布置几道选做题，学生自编一道与摩擦力现象有关的题目，题型不限，写一篇"假如没有摩擦"的科幻小论文。学生可自由选择自己要做的题；联系生产、生活实际，体现从生活走向物理，例如，以打篮球比赛为例学习摩擦力的知识，引导学生思考哪些做法能增加摩擦力，防止球员摔倒，为什么？在球场上撒些小沙子，运动员穿的鞋底带有凹凸不平的花纹，扫净水泥地上的小沙子，穿上平底的塑料鞋。由于作业的优化设

计，可以有效地拓展学生的减负空间，丰富课余生活，发展独特个性。老师还要经常及时给予鼓励，作出评价，指出问题并及时纠正，通过多次反馈多次纠正，使练习真正起到应有的巩固知识的作用。

教学策略选择得科学与否，直接影响教学的效果。随着教学改革不断深入，各种方法各具特色，各展身手。物理教学模式选择要做到以下几点：

使学生真正成为学习过程的主体；

使学生始终有浓厚的学习兴趣和求知欲；

重点培养学生的能力和心理品质，使他们在学习过程中体会物理学的研究方法，锻炼技能和能力，形成良好的稳定的心理品质。

对于一些教学条件较差的学校，可组织一些有趣的活动来提高学习的兴趣。在每一堂课中尽可能采用多种教学方法和模式。只有物理教师广泛涉猎各种教学方法，吃透各个教学内容的特点，了解和掌握自己的教学对象的特征才能科学地合理地应用教学方法，才能真正提高教学效率和产生理想的教学效果。

总之，物理教学模式的作用就是能够让学生"学会生存，学会学习，学会创造"。

第三节　物理教学模式的种类

教育理论的进步和科学技术的发展使得物理教学产生很多新的教学模式，或者是已有的教学模式得到新的发展，如自主探究教学模式、演示型教学模式、分层教学模式、探究式教学模式等，以及在信息时代下涌现的一些新的教学模式。下面就这几种比较典型的物理教学模式予以介绍。

一、自主探究教学模式

自主探究教学模式的理论基础——建构主义学习理论

物理自主探究教学模式的构建是在新课程倡导的现代理念下，以建构主义学习理论为主要理论依据。

（一）建构主义的理论发端

建构主义学习理论由瑞士心理学家皮亚杰提出。建构主义在传承认知理论的基础上提出，认为知识不能简单地通过教师传授得到，而是每个学生在一定的情景即社会文化背景下，借助其他人的帮助，利用必要的学习资源，通过人际间的协作活动，依据已有的知识和经验主动地加以意义建构。因此，他认为，"情景""协作""会话""意义建构"是学习环境中的四大因素。

情景：建构主义认为，学习总是与一定的社会文化背景即"情景"相联系，真实的情景有利于学生对所学知识意义的建构。因此教学情境的创设也是教学设计中最重要的内容之一。

协作与会话：建构主义认为，学习者与周围环境的交互作用，对于学习内容起着关键性的作用。这是建构主义的核心概念之一。从问题的提出、原因的预测或假说、资料的搜集与分析、结果的论证以及学习成果评价，学习伙伴间的协作与交流均具有重要作用。学生们在教师的组织和引导下一起讨论和交流，共同建立起学习群体，并成为其中的一员。在这样的群体中，共同批判地考察各种理论、观点、信仰和假设，进行协商和辩论。通过这样的协作学习环境，学习者群体的思维与智慧就可以被整个群体所共享，即整个学习群体共同完成所学知识的意义建构，而不是其中的某一位或某几位学生完成意义建构。

意义建构：所要建构的意义是指事物的性质以及事物之间的内在联系。在学习过程中帮助学生建构意义，就是要帮助学生对当前学习内容所反映的事物的性质、规律达到较深刻的理解，这种理解在大脑中的长期存储形式就是认知结构。

（二）建构主义的主要学习观点

建构主义认为，学习是学习者在一定的社会背景下，通过他人的帮助，利用必要的学习资源，通过学生主动的意义建构的方式而获得，学生把旧的知识结构转化为新的知识结构。建构主义认为，学习者不是知识的被动接受者，而是知识的主动建构者，外界的信息是通过学习者自己的主动建构才能变成自身的知识。建构主义学习的理论对学习者有三个方面的要求：第一，在学习过程中用探究的方法去建构知识的意义；第二、将新旧知识联系起来，并对这种联系认真思考；第三、在学习过程中要与他人协作、交流，从而更有利于建构的形成。

建构主义还认为，教师应该转变角色，应从以教授知识为主变为以指导学生的学习为主，从传授者成为学生建构意义的指导者、促进者。教师的主要职责在以下几个方面：激发学生兴趣，帮助学生形成持久的学习动机；通过创设符合教学内容要求的情景和提示新旧知识之间联系的线索，帮助学生建构当前所学知识的用意；组织协作学习，并对协作学习过程进行引导，以促进意义建构。

（三）建构主义学习理论的启示

建构主义学习理论对物理自主探究教学设计模式具有重要启示，其核心思路是：

第一，创设真实的或模拟真实的情景；

第二，提示新旧知识之间联系的线索，协助学生建构当前所学知识的意义；

第三，组织合作学习。

以上也是教师在进行物理自主探究模式教学时应尽到的职责。

二、自主探究教学模式的目标

物理课程目标所要求的教育目的是对各级各类学校教育的总的规定和要求，具有高度的概括性和抽象性。基础教育新课程对物理课程教育目标是：培养学生的探究能力，提高学生的科学素养。

探究教学对培养和提高学生的科学素养具有重要的价值。通过探究，能够帮助学生掌握科学概念和技能，获得科学探究的能力和方法，加深对科学本质和价值的理解。简单地听人讲解和识记"科学方法"是不能真正理解和掌握它的。学生只有在真实的生活情景中、在实践的过程中，才能很好地感悟、领会和运用"科学的方法"。物理自主探究式教学模式设计的基本理念是：通过教师创设与问题有关的教学情景，学生在自主的多样的探究活动中，运用已掌握的知识和技能，通过对现象的观察与研究，建立起对科学知识的理解，从而深化自身的科学知识，构建自己的物理知识体系。学生自主探究学习的过程，实际上是学生自己的想法、别人的观点以及通过观察获得的新知识之间直接互动的过程。经历这样的过程，学生不仅能很快地理解新的物理知识，构建自己的物理知识体系，还能通过认知过程中各方面知识的冲突体会个人理解的局限性和科学理论的优越性。

总之，对于物理教学来说，自主探究是一种与新课程理念相适应的教学方式。它的目的是使学生通过真正地融入到科学当中，学习科学，感受科学，这样既学到知识内容，又掌握更深入地运用和探究那些知识所必需的思维方法，使探索知识的能力得以提高，同时形成正确地对待科学问题的态度。

三、演示型教学模式

演示型教学模式的理论基础：传统的物理教学中的演示型教学模式通常指的是对物理实验的演示教学，随着现代科技的不断进步，计算机的普及，以计算机为核心的多媒体技术已经走进课堂，多媒体教学在物理教学的课堂中也得到越来越多的应用。现代的演示型物理教学模式不单单指物理实验的演示型教学，还包括以计算机为核心的多媒体教学，称为计算机辅助教学。

在课堂上使用的计算机辅助教学系统被称为课件或多媒体课件。根据课件的使用对象不同，多媒体课件可分为两类：供教师使用的是演示型课件，供学生使用的是导学型课件。在班级授课制的背景下，演示型课件在学科教学中更常用，是计算机辅助教学应用的主流。演示型教学模式能给教学带来活力和直观的感受，但是在具体操作的过程中也有很多不尽如人意的地方。因此，演示型教学模式中对演示型多媒体课件的设计与应用的问题有很多值得我们注意的地方。

（一）适度运用原则

演示型多媒体课件可以把语言、文字、声音、图形、动画、视频图像等多种媒体有机地集成一体，使得教学内容的表达方式较传统的教学方式有了很大的改变。但是，在传统教学理论根深蒂固的背景下，多媒体课件在课堂教学中的运用现状并非令人满意。出现了课件满堂演示，课堂由原来的老师口头灌输变成了课件图片灌输，变成了新的形式的满堂灌。学生仍然处于被动接受知识的状态，学习主动性被抑制。教学内容，除了增加了多彩的画面、优美的音乐，实质性的课程教授模式一点也没变，学生依然不能够主动地学习。

适度运用原则就是以优化教学过程为目的，以现代教育理论为指导，根据教学设计，适当运用多媒体教学课件，创设情境，使学生通过多个感觉器官来获取相关信息，提高教学信息传播效率，增强教学的生动性和创造性；帮助学生对当前学习内容所反映的事物的性质、规律以及该事物与其他事物之间的内在联系达到较深刻的理解。在教学过程中做到让学生多思考、多交流、多质疑，达到真正理解知识的目的。

以电子计算机为核心的多媒体技术在教学中的应用的优势是毋庸置疑的，但演示型多媒体课件在物理学科教学中要适度运用，留出足够的时间和空间给学生理解、思考、合作交流、激发创新。

（二）适量信息原则

演示型多媒体课件教学的一大优势就是能在短短的时间内运用大量的多方面的知识进行讲解。但如果运用不得当这也会变成它的一个缺点。演示型多媒体教学课信息量太大的现象普遍存在。有一种看法认为多媒体课的信息量就是要大，只有大信息量，才能体现多媒体的优势。多媒体演示型教学的信息量大应该体现在对一个知识点能拥有多媒体的手段从不同的侧面对它加以讲解，使学生能对这一知识点有深刻的认识，而不是体现在一堂课能灌输很多新的知识方面。否则会使学生对知识有囫囵吞枣之感，变成了另外一种形式的知识的灌输，反而增加了学生学习的负担。

适度信息原则就是以优质的教学资源为主要手段，在学科教学过程中有效组织信息资源，提供适量的信息，在解决教学难点重点、扩大视野的同时，让学生在教师的指导下自主地对信息进行加工。

（三）有机结合原则

并不是所有的物理课程是适合用多媒体演示课件的。教学媒体的采用也要根据教学内容及教学目标来选择。不同教学媒体有机结合，优势互补，才能达到不同的教学目标的要求。根据教学内容及教学目标，选用恰当的表现媒体和方式，才能收到事半功倍的教学效果。例如：物理的公式推导，用多媒体课件教学就不会比教师与学生一起边推导边板书好；有些物理实验教学用多媒体课件就不会比演示实验更直观更有说服力。理论问题、微观世界的活动、宏观世界的变化等，采用多媒体课件则有其明显的优势。

各种教学媒体和教学方法各有特点，有机结合，课堂教学就生动活泼，事半功倍。教师以富有情感的启发式语言向学生传授知识，以表情、姿态、板书、演示、实物等对教学效果产生影响，能适应学生变化，督促学生学习，言传身教；多媒体课件以丰富的视听信息、高科技表现手段，加上虚拟现实技术和图形、图像、三维动画使教学内容化繁为简，化宏观为微观，化微观为宏观，形象生动；创设情境，使学习理论中情境学习、问题辅助学习、激发兴趣和协作学习等在教学中得以体现；使学生变被动学习为主动学习，变个体独立学习为群体合作学习，变复制性学习为创造性学习。因此，在演示型教学模式中要结合多媒体和传统教学模式的优点，根据不同的教学目的，在二者之间取长补短才能达到教学目的。

四、分层教学模式

（一）分层教学的理论基础

"因材施教""量体裁衣"等是最古老的关于分层教学的理论依据。著名心理学家、教育家布卢姆（Benjamin Bloom）提出的"掌握学习理论"，也是分层教学模式的理论之一。他主张"给学生足够的学习时间，同时使他们获得科学的学习方法，通过他们自己的努力，应该都可以掌握学习内容""不同的学生需要用不同的方法去教，不同的学生对不同的教学内容能持久地保持注意力"。为了实现这个目标，就应该采取分层教学的方法。

著名教育家巴班斯基提出"教学最优化理论"，该理论的核心内容是教学过程的最优化，认为在教学的过程中要选择一种能使教师和学生在花费最少的必要时间和精力的情况下获得最好的教学效果和教学方案并加以实施。著名教育家苏霍姆林斯基提出的"人的全面和谐发展"思想，认为教学的关键所在就是实现人的全面和谐发展。要实现这一目标要遵循一定的教学步骤，具体步骤如下：多方面教育相互配合；个性发展与社会需要适应；让学生有可以支配的时间；尊重儿童、尊重自我教育。

（二）分层次教学法的优点

1. 有利于所有学生的提高

分层教学法是充分尊重学生个体之间知识结构的差异这一事实。在教学的过程中面对同样的知识，有的学生接受理解得快，有的学生基础较薄弱，相对来说就会理解得慢。分层教学法的实施，避免了接受理解知识快的学生在课堂上完成作业后无所事事，同时也避免了接受理解知识慢的学生跟不上教学节奏，这样学生都体验到学有所成，增强了学习信心。

2. 有利于课堂效率的提高

分层教学要求教师事先针对各层学生设计不同的教学目标与练习，使得处于不同层的学生都能达成一定的目标，获得成功的喜悦。这极大地优化了教师与学生的关系，从而提高师生合作、交流的效率。分层教学要求教师在备课时事先充分估计在各层中可能出现的问题，并做充分的准备，使得实际施教更有的放矢、目标明确、针对性强，增加了课堂的信息容量，提高了教学效率，进而提高教学的质量。

3. 有利于教师全面能力的提升

分层教学对教师提出了更高的要求。教师要对知识有充分的理解和把握，并且有足够的教学经验能预测在教学过程中出现的问题。不仅如此，教师还应对学生有充分的了解，对学生已有的知识水平的了解和对每个学生个性的了解，能根据不同的学生制定合适的学习目标和学习方式。能有效地组织好对各层学生的教学，灵活地安排不同的层次策略。这些都极大地锻炼了教师的组织调控与随机应变能力。分层教学本身引出的思考和学生在分层教学中提出来的挑战都有利于教师能力的全面提升。

分层教学实质就是根据学生所特有的知识结构和个性把学生加以分层，制定不同的教学计划，实施不同的教学方法，到达教学目的。在这一过程中对学生的分层如果处理不当就会打击基础较薄弱的学生的学习热情，伤害他们的自尊心。因此，分层教学要特别注重在教学过程中对学生实施分层时的处理方式。

（三）分层教学法的环节

1. 对学生编组

对学生编组是实施分层教学的基础，为了增强教学的针对性，根据学生的知识基础、思维水平及心理因素，在调查分析的基础上将学生分成不同的组。对学生分组不是固定的，而是随着学习情况进行及时调整。

2. 分层备课

分层备课是实施分层教学的一个重要前提。教师不但要对物理课程标准要求的教学标准理解透，还要对物理知识吃透，对学生有充分的了解，这样才能制定不同的教学计划，准备合理的课程。其中，要特别关注如何解决困难学生的困难和特长学生潜能的发展。

3. 分层授课

分层授课是实施分层教学的中心环节。教师要根据学生层次的划分把握好授课的起点，处理好知识的衔接过程，减少教学的坡度；教学过程要遵循"学生为主体，教师为主导，训练为主线，能力为目标"的教学宗旨，让所有学生都能学习，都会学习，保证分层教学目标的落实。

四、信息时代下物理教学模式的特点

现代科技的进步推动物理教学模式出现新的形式。信息化教学模式是根据现代化教学环境中信息的传递方式和学生对知识信息加工的心理过程，充分利用现代教育技术的支持，调动尽可能多的教学媒体、信息资源，构建一个良好的学习环境，在教师的组织和指导下，充分发挥学生的主动性、积极性、创造性，使学生能够真正成为知识信息的主动建构者，达到良好的教学效果。

信息化教学模式的特点有：

第一，以学生为中心，教师充当引导者的身份；

第二，在情境、协作、会话的学习环境中学习；

第三，能充分发挥学生的积极性主动性。

传统的计算机辅助教学模式主要强调个别化教学，从传统的以教师为中心转换为以教为中心，因为教师的直接教学任务被机器所替代了。到了20世纪80年代以后，由于建构主义学习理论在教育技术中的应用和多媒体技术的发展，国际上信息化教学模式的研究强调以学为中心。20世纪90年代以后，由于网上教育的兴起，出现了以合作学习为中心的多种虚拟学习环境，增加了多媒体教学，而虚拟教室的出现则大大扩展了其概念。还有许多综合了不同信息化教学模式的集成化教育系统。

第四节 物理教学模式的设计

现代社会的发展，对人才提出新的要求，对旧的教学理念产生冲击。传统的教学方法已经不能满足培养新型人才的需要，因此必须创新教学方法，转变教学思维。

一、物理教学要求

（一）教师改变教学思维，提高自身素养，提高教学实效性

教师的教学思维在整个教学过程中起着重要的作用，因为影响学生未来接受知识的能力，如果教师的教学思维过于落后，那么学生对知识的了解也处于比较陈旧落后的状态。因此，当今的物理教师应该深刻领悟新课改教学思想，重新正确认识物理课程，积极参与课后培训，丰富自身的专业水平，将原有的知识涵养加以更新，明确教学目标。还要对教学经常性地反思，这样有助于提升自身的专业素质。

1. 因材施教，提高学生学习积极性，提高教学质量

每个阶段物理知识的学习侧重点不一样，每个学生对知识的接受能力不一样，知识的基础也不一样，物理基础参差不齐，所以要求老师根据不同的学生制定不同的教学方案，要因材施教。但有的教师还是沿袭了以往的旧观念，只注重对待成绩优秀的学生，而一些基础较为薄弱的学生就被忽略了，这部分学生被忽略以后就会产生自我放弃的心理，更谈不上提高物理成绩了。因此，教师应该充分掌握每个学生的个体差异，认真分析学生的学习情况，细化教学目标，将学生分成不同的种类。让每名学生都充分享受到教学资源，教师可以针对成绩较好的学生，多给他们辅导一些提高性的知识，而一些基础薄弱的学生，教师可以着重针对基础性知识来加以辅导，这样全班整体的平均成绩都能有所上升，这就是实施因材施教的意义。

2. 加强物理实验，激发学生学习的积极性

物理实验教学在物理的教学中具有重要的意义。物理实验更是实现实践教学的重要体现，学生能更好地消化理解，教材上抽象内容只有通过物理实验才能得以实现，教材中的

知识点也只有通过实验才能直观准确地表达出来。

不仅如此，物理的教学探究的方法都是通过物理实验得以呈现的。学生的思维潜质有时候能通过一堂丰富的实验课受到启发，在具体的实验操作过程中学生的创新思维也能在其中加以运用。让学生能够在实验过程中发现问题，并可以用自身的能力去解决问题，在解决问题的过程中加以知识的运用，学生的观察能力和学习能力得到了有效的提高和培养，还调动了学生学习物理的积极性，在有趣的实验中，物理教学的有效性又得以极致的发挥。因此说，物理的学习不仅仅是物理理论知识的学习，更是物理实践的学习。

综上所述，随着素质教学的不断推行，物理教师在面对当今严峻的教学环境下更要用全新的态度面对物理教学，有效地整合资源，从根本上改变教学思想，调动学生学习的积极性，对不同情况的学生因材施教等，从而培养具备基本科学素养的新型人才。

二、物理教学模式设计的原则

（一）什么是物理教学模式

美国的乔伊斯（b. Joyce）和韦（M. Weil）最先将"模式"一词引入到教育领域，并加以研究。乔伊斯和韦尔认为："一种教学模式就是一种学习环境，包括使用这种模式时教师的行为。这种模式有多种用途，从安排上课、创设课程到设计包括多媒体程序在内的教学资料。"而国内学者对模式的定义是各种各样的，目前还没有统一的标准。"教学模式是在一定的教育目标及教学理论指导下，依据学生的身心发展特点，对教学目标、教学内容、教学结构、教学手段方法、教学评价等因素进行简约概括而形成的相对稳定的指导教学实践的教学行为系统。"这是本文采用的关于教学模式的定义。

（二）构建物理教学模式要遵循的原则和步骤

物理学科作为科学课程的重要组成部分，对培养学生的创新能力、探索精神、科学态度和思想方法有着不可替代的作用。好的物理课堂教学模式更能促进这些作用的发挥。在构建物理课堂教学模式时可以依据一下几个基本要素逐级展开。

1. 合理确定模式培养目标

不同的培养目的需要有不同的教学模式加以配合，培养目标是一种教学模式的核心。培养目标不是凭空产生的，模式的构建者应明确物理课程的总体目标和具体的三维目标，再根据学生的特点制定出相应的培养目标。在能很好地体现物理课程标准的总目标和三维目标之下，制订出适合特点目标需要的教学模式。

2. 明确模式的理论基础

教学模式是建立在科学合理的理论基础之上的，它是教育理论指导的一种教学行为。理论基础是否科学、合理、恰当，是该教学模式能否成功的前提。关于教育学和心理学理论通常用的建构主义学习理论、人本主义学习理论、自然经验主义、发现学习理论、合作学习理论、最近发展区理论、多元智力理论等，对于一些涉及"先学后教""探究讨论""小组合作"等内容的教学模式一般都会以上述理论中的几个作为理论基础。如果在模式中有一些特殊的元素，如"探微"课堂教学模式，则还要涉及学习的记忆的相关理论，如记忆曲线。微课教学可以在学生记忆曲线下行时给予学生及时的回忆和重现，帮助学生巩固所学。另外，微课的可重复性也对理解较慢的学生是一种帮助，符合因材施教的原则。这与多元智力理论中承认人在智力方面存在先天差异的理论相吻合。这些理论都可以作为"探微"课堂教学模式的理论基础。

3. 精心设计操作流程

教学模式区别于传统教学的一个特征是有规定好的操作流程。设计操作流程时应注意的方面有：

（1）以培养目标为导向

如对于将"自主学习能力"列为培养目标的教学模式，学生的"先学"应是操作程序的必要环节；涉及"探究"的教学模式，学生的问题意识不可忽略，那么"思考、讨论、提出并整理归纳问题"就是必要环节。模式的设计者应该根据具体的培养目标将这些必要环节一一列出，之后再进行有机地组合。

（2）符合学生实际情况

学生的认知水平因不同地区、不同学校、不同性别都是有差异的。在设计操作程序时，要充分考虑到自己所教学生的实际情况，不能过于简单或过于繁难，要使学生感到有一定的挑战。只有难度适中的活动，学生参与的动机和兴趣才是最大的，效果也才会是最好的。

（3）符合实际的教学条件

操作流程要具有可操作性，主客观条件就必须有所保障。例如"探微"课堂教学模式中"微课"辅导环节，要求学生在家能够看微课视频，那么必要的硬件设备学生就必须具备。比如小组合作学习，如果是超大班额的自然班，小组个数必然很多，这种情况下如果还要充分地展示交流就不太可能了。

（4）充分考虑模式实施的实际条件

条件适宜是教学模式有效运作的前提条件之一，它能促使教学模式最大化地发挥其运作效力。不同的教学模式，所需的条件往往也不尽相同。特定的教学模式，往往需提供特定的支持条件。教学模式的实现条件分主观和客观两种。教师应该对实施模式教学有足够的认识，学生对教师实施模式教学比较认可，最起码没有抵触情绪，还有教师和学生自身的素养等，这些都是教学模式实施的主观条件；模式需要的一些时间和空间条件应具备，软件、硬件条件应具备，这是教学模式实施的客观条件。

（5）选择合理恰当的评价方式

教学评价是检验教学目标是否达成的评价标准之一。一个完整的教学模式，少不了对教学活动的评价。评价体系作为教学模式的一个重要因素，主要包括评价的标准和方法。因为每个教学模式在理论基础、目标指向、操作程序和实现条件方面存在差异，所以评价体系也存在差异。不同的教学模式都应备有适合自身的评价标准和方法。恰当的评价方式不仅能对本堂课学生的学习情况进行评价，更能够同时促进学生、教师以及教学模式本身的发展。设计评价体系时除要注意多元化、过程性、发展性、激励性等这些基本的新课程评价理念外，设计者还应根据模式本身的特点设计出特有的评价方式。

物理教学模式的设计是一项复杂的系统的过程，需要教师不断地学习和摸索，才能建立一个适合当前教学环境和教学目标的教学模式。

第三章　探究式教学

第一节　科学探究与探究式教学

一、科学探究

什么是科学探究？人们也许习惯于知道一个确切的定义，诸如：科学探究是指对自然、社会、思维等的客观规律的研究讨论、追根究底多方寻求答案、解决疑问，或简单地说，就是像科学家一样地思考和工作。但仅仅记住这样一个定义是无法加深对科学探究的理解和把握的，我们真正需要的是知道如何进行科学探究，了解科学探究的具体细节，把握科学探究的思维方式和工作模式。

二、探究式教学概述

探究式教学是针对灌输式教学提出来的。因为教学的作用不是填鸭式地把尽可能多的知识塞满学生的脑子，而是要引导学生养成批判观察的习惯，以及理解与解决问题相关的原则、标准，也就是说要培养学生独立思考的习惯和摆脱当前成见与偏见的探究精神。教师的教学不是发布知识的过程，而是引导学生自己领会知识、学会思考的过程。

探究式教学一般分为两类，一类是学生根据自己的观察或发现所提出的研究课题（或在教师推荐下由学生选择的研究课题），并利用课外时间进行。在这类探究活动中，学生自主程度较高，探究活动的环节较多，探究周期较长，但每一个学生所能完成的课题数目极其有限。另一类是在课堂内进行的，课题的内容服从教学进度的需要，课题由教科书或者教师提出，因受到课堂教学时间的限制，每个课题所花的时间不可能太长，探究环节一般较少，因此这类探究课题的数量较多。

（一）探究式教学的内涵

探究式教学，又称作中学、发现法、研究法，是指学生在学习概念和原理时，教师只是给他们一些事例和问题，让学生自己通过阅读、观察、实验、思考、讨论、听讲等途径去探究、发现并掌握相应的原理和结论的一种方法。它的指导思想是在教师的指导下，以学生为主体，让学生自觉地主动地探索，掌握认识和解决问题的方法和步骤，研究客观事物的属性，发现事物发展的起因和事物内部的联系，从中找出规律、形成概念，建立自己的认知模型和学习方法架构。可见，在探究式教学的过程中，学生的主体地位、主动能力都得到了加强。探究式教学的本质就是在教学中充分发挥学生的主体作用，使学生充分参与和体验由未知到已知的过程，并在这一过程中使学生的各种素质得到全面和谐的发展。

探究式教学的本质特征是不直接把构成教学目标的有关概念和认知策略直接告诉学生，取而代之的是教师创造一种智力和社会交往环境，让学生通过探索发现有利于开展这种探索的科学内容要素和认知策略。由学生自己亲自制定获取知识的计划，能使学科内容有更强的内在联系，更容易理解，教学任务有利于激发内在动机，学生认知策略自然获得发展。同时，在这个过程中，学生还认识到能力和知识是可变的，从而把学习过程看作是发展的，它既要以现有的学习方法为基础，又要不断地将其加以改进。

（二）探究式教学的目标

探究式教学不仅重视知识的获得，而且重视获得知识的过程，更加注重学生的自我学习。通过实施探究式教学，可以实现以下教学目标。

教师通过精心设计教学，不仅让学生收获一个科学的结论，而且使学生领略到科学家发明和创造的过程。学生通过独立解决问题，能从解决问题本身体会到学习与创造的乐趣，促使外部动机向内部动机转化（从要我学变为我要学），内部动机成为进一步探索知识与问题的动力；学生通过多方面的探究，就能把学习归纳为一种探索的方式，形成积极的探究态度。因此，这样可以培养学生对科学的兴趣，激发学生探索问题的求知欲。

以过程为导向，充分显示学生的思维过程，注重思维的过程甚于思维的结果。在分析问题的过程中，需要提出假设，假设的形成往往是非常短暂的，一般有两种思维在起作用：直觉思维和逻辑思维。直觉思维往往先于逻辑思维。在提出假设之后，需要收集资料来验证假设，需要有一定能力与掌握收集资料的方法才能有效地验证假设正确与否，假设能否接受需要进行逻辑性的推理，需要进行批判性的思考，从而培养学生的批判性思维能力。同时，在解决问题的过程中，通过及时发现问题，培养学生发现问题的能力，可以提高学生提出问题的能力。鼓励学生创造性地解决问题，这样可以培养学生进行多角度、多方位、发散与集中进行综合思考的习惯，从而培养学生以发散性思维为主要特征的创造性思维能力。

（三）探究式教学的特点

可以说，开展探究式教学就是为学生进行探究学习创造条件，使学生在主动参与获得知识的过程中，探究能力得到培养，形成探究未知世界的科学精神和科学态度。与非探究式教学相比，探究式教学具有以下特点。

1. 问题性

探究离不开问题，探究是在有效发现问题的过程中探究，更是在有效解决问题的过程中探究，因此探究式教学是以问题为中心的教学，其最大的特征是让学生真正有疑而释。学生在探究过程中，会调动自己已有的知识储备，努力地去发现问题，积极地去解决问题，最终实现综合能力的提高。

2. 探究性

探究性教学即以探究为主的教学，学科教学的中心环节是探究，所以，探究式教学很好地调动了学生主动探究的兴趣、自主参与的意识以及通过探究解决问题的信心。与传统的教学方式中学生被动地接受知识相比，它是学生主动地发现问题、勇敢地提出问题、积极思考和尝试解决问题，努力探究结论的自主学习过程。

3. 自主性

自主参与学习，意即自己主宰自己的学习活动。它是一种学生在教师的科学指导下，通过自身能动的、富有创造性的学习，实现自主性发展的教育实践活动。学生是真正的学习主人。教师作为合作者、参与者和指导者，应把工作的中心放在调动学生的积极性，鼓励学生积极自主的探究问题、解决问题方面。

4. 创新性

探究式教学就是要让学生怀着创新的精神极大地投入自己的热情、毅力、时间、情感以及一切潜在能量去发现问题、解决问题，在实践中培养学生的创新意识和动手、动脑能力，使人的综合素质得以提高。因而突出探究式教学的创新性既是探究的出发点，又是探究的落脚点。

5. 多样性

教学活动的形式是多样的，我们不能为了探究而探究，把探究模式搞僵化。教师应积极引导学生开展多样化的学习活动，如活动设计、资料的收集、调查、访问、实验分析、总结、交流、答辩、反思等。这样既让学生活动丰富多彩，又能培养学生的各种能力。

6. 过程性

传统教学方式注重"是什么"，把结论作为教学的重点，单纯强调学生对知识的掌握，而忽视了学生获得知识的过程。探究式教学则是把"为什么""怎么办"放到突出的位置，注重强调学生获得知识的过程，让学生"经历亲身体验、探索"学习知识的过程。

（四）探究式教学的原则

根据探究式教学的特点，在实施过程中应遵循以下几个基本原则。

1. 情境化原则

探究式教学往往是从问题的发现开始的，教师要充分考虑学生的年龄特征和心理特点，按照学生的认知特点，围绕教学内容设计出阶梯式的系列问题，创设思维环境，把学生的思维带到最近发展区，让学生在惊讶和好奇中去发现问题、解决问题。通过激发学生探究问题的兴趣，让学生扮演好解决问题的角色，从而获得积极的情感体验。

2. 差异性原则

在课堂教学中，学生的独特性是客观存在的，不同的学生有不同的成就感、学习能力倾向、学习方式、兴趣爱好及生活经验。在探索的过程中，要鼓励与提倡解决问题策略的多样化，尊重学生在解决问题中所表现的不同水平。尽可能地让所有学生都能够主动参与，让学生提出各自解决问题的方法，并引导学生在与他人交流中选择合适的策略。同时应根据具体的年龄特点，分阶段培养学生的探究能力，教师应采用多层次的评价手段来正确地引导和促进不同学生探究能力的发展。

3. 主体性原则

要以发展学生的主体性为中心组织教学，教学策略要以启发学生自主探究、自主学习为主，让学生主动参与活动，亲身体验知识产生和发展的过程，让学生真正成为学习的主人。在整个实践与研究中要充分尊重学生的主体地位，发挥学生的主观能动性，注重学生的自我发展和互相启发。强调学生的主体地位和主动性，同时提高对教师的要求。教师应成为探究活动的设计者和活动过程的引导者与组织者。教师要努力寻找教育对象与教育内容之间最佳的结合点，研究学生的思维方式和解决问题的思维习惯，将各种间接经验转化为学生生活情景中的直接经验，使学生能够将直接经验与所学的知识结合，力求在此基础上进行创新。

4. 开放性原则

采用自学、讨论、辩论等形式教学，尽量设计和提出一些开放性问题，让学生充分思考、想象和表达。组织学生广泛开展调查、收集信息，尊重个人差异和独创见解，鼓励学生发表新颖的想法，为学生的活动、表现和发展提供自由、广阔的空间。

5. 面向全体学生，主动发展的原则

发展的主体是发出主动行为的学生，学习是学生通过主动行为而发生的，学生的学习取决于自己做了些什么，而不是教师教了什么。学生学习的主动性主要表现为主动构建新知识，积极参与交流和讨论，并不断对自身的学习进行反思，改进学习策略。在教学设计中，确定教学要求时要注重知识与技能、过程与方法、情感态度与价值观三个维度的教学目标，应面向全体学生，尊重个体差异，始终坚定每个学生都能成功的信念，充分发挥每个学生的最大潜能，满足各种水平学生的发展需求，使教学过程更能满足个性发展的需要。

三、科学探究与探究式教学概述

探究式教学是科学探究的一种模拟，无论是探究的广度、深度、复杂程度或时间的长度，都难以与科学探究比拟。科学探究是科学家从事科学研究以寻找事物的规律和本质，是对一个未知领域的探索，而探究式教学中的很多现象和规律通常是人们已发现的，只是对学生来说是未知的。因此，在探究式教学中，教师应把"发现"的任务交给学生，让学生成为"发现"的主人。

探究式教学的提出及其在教学中的推广与普及，将改变学生的学习方式和教师的教学方式。在新课程中提出探究式教学，试图通过这种教学模式，让学生经历科学探究的一般步骤和掌握科学探究的一般方法，也让学生充分体验科学探究的艰辛和发现的欣喜，进一步激发他们的探究欲望。

第二节 探究式教学的要求

一、探究式教学的要求概述

物理教学倡导以科学探究为中心，体现了物理学的本质与学生科学素养发展相统一的要求，反映了科学探究是物理学的本质特征。

（一）物理学学科特点

1. 物理学是一门实验和科学思维相结合的科学

实验是物理学的基础，科学思维是物理学的生命。在物理学中，概念的形成，规律的发现，理论的建立，都要以实验作为唯一的检验标准，物理实验不仅是物理学理论的基础，也是物理学发展的基本动力，是启迪物理思维的源泉。不少重要的物理思想就是在物理实验的基础上涌现出来的，实验不仅是一种研究物理问题的科学方法或手段，而且是一种物理学的基本思想和基本观点。同时，物理学中许多重大发现都是在观察实验的基础上进行科学思维的结果，另外，在物理学中，观察实验离不开科学思维，无论是实验方案的设计、实验现象的观察、实验数据的采集、实验结果的分析、实验结论的得出，还是理论研究中的推理论证、概括和总结，物理模型的提出、物理概念的形成、物理规律的发现、物理理论的建立等，都必须经过科学思维。科学思维对物理学的发展起着决定性的作用。同时，经过科学思维得出的物理结论，又必须接受实验的检验。由此可见，物理学是观察实验和科学思维相结合的产物。

2. 物理学是一门严密的理论科学

物理学是以基本概念和基本规律为主干而构成的一个完整的体系，基本概念、基本规律和基本方法及其相互联系构成了物理学科的基本结构。

3. 物理学是一门精密的定量科学

自从伽利略（Galileo di Vincenzo Bonaulti de Galilei）开创了把观察实验、抽象思维同数学方法相结合的研究途径以后，物理学就迅速发展为一门精密的定量的科学。在物理学中，许多物理概念和物理规律，具有定量的含义；物理学中的基本定律和公式都是运用数学的语言予以精确表达的；物理学中基本概念和规律的定性描述与精确的定量表达相结合是物理学区别于其他学科的显著特点。

4. 物理学是一门基础科学

物理学的研究成果和研究方法在自然科学的各个领域都起着重要作用，并且形成了许多交叉学科。物理学也是现代科学技术的重要基础，许多高新技术都与物理学密切相关，历史上许多与物理学直接有关的重要的技术发明，对人类社会的发展起到了很大的作用。

5. 物理学是一门带有方法论性质的科学

物理学在长期的发展过程中，形成了一整套研究问题和解决问题的科学方法，这些方法不仅对物理学的发展起了很重要的作用，而且对其他学科的发展产生了一定的影响，它是辩证唯物主义哲学的重要基础，深刻影响着人们的思想、观点和思维方式。

物理探究式教学必须紧紧围绕物理学学科特点展开。

（二）物理探究式教学的特征

第一，物理探究式教学围绕问题激发学生思维。

第二，物理探究式教学创设问题的情境作为探究式教学的开始。在教学中，教师要善于创设问题，通过实验、观察、阅读教材等途径引导学生发现问题，以问题为中心组织教学，将新知识置于问题情境当中，使获得新知识的过程成为学生主动提出问题、分析问题和解决问题的过程。

第三，物理探究式教学关注学生自主参与、获得新知和培养能力。学生通过各式各样的探究活动诸如观察、调查、制作、收集资料等，亲自得出结论，参与并体验知识的获得过程，建构起新的对自然的认识，并培养科学探究的能力。

第四，物理探究式教学注重从学生的已有经验出发。认知理论的研究表明，学生的学习不是从空白开始的，已有的经验会影响现在的学习，教学只有从学生的已有知识和生活实际出发，才会调动学生的学习积极性，学生的学习才可能是主动的。否则，就很难达到预期的教学目标。

第五，物理探究式教学重视证据在探究中的作用。寻求实证是科学过程中的重要特征，重视通过实践活动获得实证资料是探究式学习与接受式学习的主要区别。在科学探究中，学生也要根据实证资料做出对科学现象的解释。可以说，证据是学生通过探究获得新知的关键所在。同时，通过证据的收集、从证据中提炼解释、将解释与已有的知识相联系等过程可锻炼学生的推理及批判思维能力，也使他们懂得科学家是如何思考问题、如何工作以及如何通过探究发展并获得新知的。

第六，物理探究式教学使学生学会在探究中利用实验和数学手段来验证设想。

二、实施探究式教学对教师提出的新要求

（一）实施探究式教学教师必须要达到的四个条件

1. 熟悉探究式教学模式，懂得如何将相关理念转化为教学实践

成为一名探究式教学的教师并非易事。在岗前培训时，通过理论与实践，让初为人师的新教师们掌握包括探究式教学模式在内的各项教学技能。同时，应通过相应的制度上的保证来促使教师能够和愿意花时间来为学生的探究做复杂费时的准备工作。

2. 较强的科研能力

较强的科研能力是教师成功开展探究教学的基础，教师担负着科研与教学双重任务。在课堂上，对问题的探究一般是从专业的角度展开的，扎实的专业基础知识，较高的科研水平，广博的知识结构是教师成功开展探究式教学的前提条件。学生探究能力的培养必须以教师科研能力为基础。较强的科研能力意味着对相关领域研究现状的熟悉，掌握本学科的研究方法且有专门、创新的研究。优质问题很少是偶然提出来的，科研能力是下一步成功设计问题的前提。

3. 提供高质量的问题与资料是探究式教师必备的重要技能

研究发现，教师教学时提出探究性的问题，能使学生在科学理解能力测验和成就测验中获得高分。探究式教学有时也被人们称为"问题导向式"教学。问题是探究式教学的核心要素。探究式教学是用类似科学研究的方式去确立问题、分析问题、解决问题，从而获得知识和技能的一种教学模式，整个教学活动围绕需要解决的问题展开。不同类型的问题会使学生产生不同类型反应和不同的课堂互动。问题的设计第一要科学，应具有学术价值；第二，在本学科领域属于重大问题，表述要清晰简明；第三，问题要具有前瞻性；第四，问题要适合学生。既要足够复杂（可以引发学生兴趣）又不能过于复杂，难易程度以学生能够提出假设和多种解决方法为准；而且问题的解决也要得益于集体努力。问题对学生合适与否的程度决定着是否能真正进行探究式教学，所以，问题设计能力是实施探究式教学的关键。问题还需关联社会政治现实，选择能够引起学生惊异的现象或事件，以激起学生的探究兴趣。为了吸引学生，某些问题稀奇古怪点也无妨。告诉学生我们的答案不是唯一的，在课堂上不应该限制观点的范围，否则课堂就过于狭隘了，这也背离了探究教学本身的追求。大量的探究需要铺垫知识。如同对教师的要求一样，成功开展探究教学要求学生必须具备相应背景知识。相关资料主要由教师来提供。适用于探究的对象或内容，是相对于学生现有的认知结构和认知方式而言具有一定难度的内容。但本科生的专业知识尚处于打基础的状态，这决定资料既要考虑是否原始、经典、充足，又要考虑可读性，难度要适当，否则学生无法在既定时间内掌握基本知识，影响学生提出假设、分析和解决问题，使得探究止步于"问题"边缘，无法深入下去。

4. 把握探究过程的技能

把握探究过程的技能是有效开展探究式教学的前提，探究式教学要求教师具备把握探究过程的能力。与讲授型教学不同，探究式教学中教学活动的空间变得丰富多彩，而教学又必须有序进行，教师不仅要具备讲授能力和答疑能力，还要有高超的课堂驾驭能力。

各类活动中学生自主探究的程度是不同的。在探究式教学的课堂上，学生自主活动的重点、难点是什么，教师指导的重点在哪里，这些情况教师需要了然于胸。同时也要悉心研究自己学生的知识水平和认知特点，了解学生的观点。后者有助于教师对学生提出更高的要求，否则注定要传授给学生枯燥而互不相干的知识，"知己知彼"，才可能在课堂教学中"百战百胜"。

但是，探究式教学不是线性的，其起点、过程和结果均表现出不确定性和差异性，这就决定了教师不能预见探究进展情况，在这个过程中会不断产生新的矛盾和问题，教师一旦不能有效地控制课堂。就必然影响课堂学习的进展和学习效率。所以，探究式教学需要富有技巧的教师，对教师驾驭课堂的能力提出了更高的要求。教师应有敏锐的感受能力和灵活的应变能力，根据实际情况对各个环节的情况进行调控。

教师行为与探究教学效果有很大关系。例如，当学生的讨论大大偏离教师准备好的思路，而结论也与教师自己的研究相悖时，这个时候的评价是表扬、鼓励还是批判、泼冷水，将使学生的探究活动水平差异很大。在探究式教学课堂上，教师要转变自己的角色，切实以学生为中心。在具体的探究上，不要试图"一劳永逸"，而要有耐心聆听学生的陈述、尊重、重视和理解他们的看法，帮助学生分析他们的推理过程，而不能在课堂结束后把自己的观点强加给他们，打击学生的积极性。而要利用学生在探究中的意外表现，以此作为教学中新的转折和新的教育契机，维持学生积极向上的思维状态，调整探究方案。教师应该以问题为导向，综合评价学生在探究过程中的态度、协作、方法和结论。事实上，评价有时是很棘手的一件事情。教师需要花时间来掌握这项技能。

例如，20世纪70年代佩尼克（JE Peni）做了一个长达13周的实验，结果表明：学生从事自己设计结构的课堂探究活动，其形象创造性思维能力发展较好，而从事教师设计结构的课堂探究，其形象创造性思维能力发展相对要差。他在同年还做了一个类似的实验研究，实验中始终使用相同的课堂材料，结果再次表明：教师指导少，学生会花更多时间解决自己的问题。学生都倾向于从依赖教师逐渐转向由自己负责。他们的研究结果也支持这样的结论：学生更喜欢控制宽松的环境。宽松的环境使学生敢于在不确信教师所期望的答案时举手说出自己的看法或者疑惑，勇于与同学分享自己的想法。真正推动讨论的是学生的观点和思想。而思想的火花在学生之间的对话中碰撞产生。教师也要想办法使每个小组对其他小组的成果进行反馈，以促进对方的工作，而且也使每次探究能利于全体学生，探究的历程得以完满。教师的指导要及时，如果过早，会使学生失去本来可以自主发现的机会，如果太晚，可能会让学生过长时间陷于无助状态。

具体说来，教师需要营造氛围，诱发问题：组织学生对问题进行分析，提出假设，推测结果；组织学生进行分析、概括、推理和归纳；对探究结果进行解释、讨论和评价。同时要对课程中的知识总量加以控制，以便探究更充分、深入。

探究式教学的精髓是激发学生的探究动机、探究思维和行为，对学生的主动性和独立性提出很高的要求，但是学生主动性积极性的激发、调动、维持离不开教师的努力。学科本身并不能激起学生的兴趣，为实现这一目标，教师的想象力以及教师所讲授的内容必须生动活泼。联合国教科文组织对教师的角色作了精辟的论述：教师的职责现在已经越来越少地传递知识，而是越来越多地激励思考；除了他的正式职能以外，他将越来越成为一位顾问；一位交换意见的参考者，一位帮助发现矛盾论点而不是拿出现成真理的人。

综合上述，探究式教学对教师提出了新的挑战。探究式教学模式在培养学生的创新素质上具有不可替代性，但在知识传授上，在当前的学制之下，则无法与讲授型教学相比。我们要整合多种教学模式的优点，以保证教学实效。

（二）探究式教学对物理教师素质的要求

1. 全面的知识素质

第一，丰富的物理学科专业知识是物理教师搞好教学所必备的先决条件之一。物理教师应具备的学科知识包括物理学科的体系框架、物理学科中各逻辑知识点的内容以及物理学科所需要的技能知识等。物理教师对物理学科知识的掌握应达到以下三个不同层面：首先要对物理学科知识的完整体系有一个比较清楚的理解，能够正确熟练地掌握物理学中的每个概念和原理；其次要了解和掌握与物理学科内容有关的背景知识和材料，以加深对本学科教育教学的理解；还要了解物理学科产生和发展的背景知识及其学科发展的趋势，以便教师可以从物理学科发展与人的发展、社会发展的关系出发，开展更为有效的教学活动，促进学生对物理学学习的主动性。

第二，物理教育学科知识课程十分重视物理知识的教育价值和育人功能，目的在于帮助学生认识自我，建立自信，发展学生的个性。与传统的物理教育理论重结果、轻过程的观点相比较，新课程强调教学既是一个认识过程，更是一个发展过程。物理教师不仅要懂得教什么，而且要懂得怎么教，还应明白为什么这样教，能运用教育理论来指导教学实践，完成对学生的合理教育，促进学生的发展。教师如果缺乏一定的教育理论修养，就难以自由而科学地设计和驾驭教育教学过程，更难以进行物理教学改革与创新。物理教师应具备以下教育科学知识：普通教育学、物理教育学知识、普通心理学、教育心理学知识、物理课程论知识、物理教学论知识、教育测量与评价知识、教育科研方法知识等。

2. 全方位的能力素质

能力是教师专业素质的重要组成部分。作为一名教师，拥有较多的知识积累，并不意味着他就具有较高的执教能力，这一点，恐怕许多人都有切身体会。物理教师应具有以下能力：

第一，教育教学基本能力具备较强的教育教学基本能力，是教师顺利完成教育教学的根本保证。教育教学基本能力是指运用教育法规、教育学、心理学、学科教学论等基本理论，指导并创造性地从事教育与物理教学的基本能力。包括教育教学过程的设计与操作能力、组织管理能力、课堂讲授能力。语言表达能力、书写能力、运用现代教育技术手段的能力、教学设计与创新能力及对学生进行评价的能力，教育教学能力的强弱将直接影响教育教学过程能否高效顺利地实施，直接影响教育质量。

第二，交往与合作能力随着改革的不断深入和社会的不断进步，合作的意识与能力是现代人所应具备的基本素质，新课程体系强调教师间的经验交流和总结，正确处理合作与竞争的关系。物理教学强调有主动与他人合作的精神，有将自己的见解与他人交流的愿望，敢于坚持正确观点，勇于修正错误，具有团队精神。可以看出，教师的交往与合作能力是顺利实施新课程必不可少的条件，只有教师具备了一定交往与合作能力，才可能有效地指导学生之间的合作，否则，对学生的指导便是一句空话。

第三，物理观察与实验能力观察与实验是物理教育中不可缺少的环节，物理学是一门以实验为基础的科学，没有观察与实验就没有物理学可言。物理教学强调学生积极参与科学观察、动手体验、学会设计、主动探究。为了全面推进物理新课程的实施。特别是为了能开展正常的实验教学，物理教师除了应掌握必要的物理实验技能外，还应该对实验在物理教学中的意义和作用有正确的理解，对物理教学实验设计的基本原理和组织学生实验的方法与技巧有基本的了解。

第四，较强的学习能力。当前的课程改革把学习放在了一个新的高度，课堂教学目标已由过去的"学会"转变为"会学"，而学生的学习能力直接来自于教师的合理指导，这便首先对教师自身的学习能力提出了相应的要求，因此，较强的学习能力是现代教师必备的一项重要素质，它能使我们从容面对飞速变化的世界向我们提出的各种挑战，也能帮助我们解决工作和生活中遇到的各种问题。人的一生都应该坚持学习，而每一类知识都能影响和丰富其他知识。因此，当前物理教师应具备较强的学习能力，以便从终身教育提供的种种机会中受益。

教师是课程的实施者，而教师素质的高低是课程改革能否成功的关键所在。百年大计，教育为本，有了一流的教师，才会有一流的教育，才会出一流的人才。探究式教学的出现，无论是在思想上还是在教学实践上对于一线教师都是一次严峻的挑战，需要各方发挥各自的特长，通力合作，保证探究式教学的顺利实施，为培养学生的创新精神和意识奠定坚实的基础。在课程改革不断深入的今天，当代物理教师应认清未来教育中教师的职责和使命，尽快完成角色转变，不断提高自身素质，努力推进新课程改革的顺利进行。

第三节　探究式教学的设计

探究式教学的设计，有些是在教科书中已经设计好了的，这是既定的，虽说我们在具体教学中可以对它进行修改，但可以肯定教学会受它的影响。有些是由教师在教学实践中进行的设计，这种设计是灵活的，具有个性化、校本化、地方化的特色，可以说，这种设计是探究教学最具活力的一部分，我们应当大力倡导。

在探究教学的设计中，不管是教科书的设计，还是教师的设计，都必须考虑可行性、必要性、层次性和多样性。

一、自主性

"科学探究"不仅是一种教学方式也是一种学习方式。学生在"科学探究"活动中，要像科学工作者进行科学研究一样，通过自主的探究活动，学习物理概念和物理规律，并在探究和获取知识的同时，体会科学家研究科学时的探究过程，培养学生的科学探究能力、科学态度和科学精神。在探究式教学中，学生是学习的主人，教师应尽量将时间和空间留给学生，让学生自主思考，积极讨论，突出学生的自身感悟能力，培养学生的多向思维。但探究的关键不在于探究所用时空的数量，而在于学生自主思维的广度和深度。根据教学内容和学生的探究能力水平，通常可以采用教师引导学生探究和学生自主探究两种形式或两种形式相结合的方式。如在"研究滑动摩擦力"的教学过程中，让同学们讨论我们日常生活中哪些现象中存在着滑动摩擦力。学生思维活跃，踊跃发言；滑雪、滑滑梯、拖地、用手洗衣服、写铅笔字、洗脸、搓手、滑冰、刷牙等等，在学生的思维发散开去的同时，接着组织学生体验搓手、洗脸等实验，观察拖地、滑滑梯、滑雪等动画；分析、总结滑动摩擦力产生的条件、作用效果和方向及滑动摩擦力的定义。学生在愉悦中体验、观察、分析、归纳、总结，在讨论中完成学习的内容。当然，开放性绝不意味着放任自流，这就要求设计者要充分估计学生的学习现状、教学内容的难度，同时更恰当地进行环境设计、媒体设计等。我们强调探究式教学的自主性主要体现在整个探究活动应在教师的合理调控之中。最关键的是自主性不仅体现在时间上，还要体现在学生思维的主动扩展上。

二、选择性

在实际教学中当研究问题确定后，在猜想与假设的思维活动中，由于学生原有认知和对客观事实审视能力的不同，猜想与假设的结果也具有多样性，这就需要让学生对多种假设进行合理的评价，增强学生利用已有的知识和经验分析问题的意识，选择出几种合理猜想与假设。如在"影响加速度的因素"的探究教学过程中，在确定研究"加速度与哪些因素有关"的课题后，让学生根据牛顿第一定律和日常生活经验进行合理的猜想，并说明依据。

三、程序性

探究式教学直接脱胎于科学探究活动，具有很强的程序化特色。因此，整个教学设计必须非常严密，具有内在的逻辑性。一般来说要以知识为线索，依据探究要素的程序进行教学设计，我们以探究教学"静摩擦力和滑动摩擦力的比较"为例进行分析。

首先，学习静摩擦力与滑动摩擦力的概念。教学程序的第一步是教师呈现日常生活中的现象。第二步是学生观察、分析、归纳、比较、总结。第三步是学生讨论交流，形成静摩擦力与滑动摩擦力的概念。

其次，学习静摩擦力与滑动摩擦力的关系。教学程序的第一步是教师引导、学生提出问题。第二步是学生根据日常生活经验提出猜想。第三步是设计实验、小组讨论、班级交流其合理性。第四步是进行实验与收集证据。第五步是分析与论证、小组交流评估。第六步是班级交流评估。第七步是发现问题重复上述第二、三、四、五、六步的学习过程。

四、可行性

探究式教学是一种教学方式和学习方式，也是教学目标和教学内容，所以在设计时，一定要考虑是否可以顺利进行，以实现预定的教学目标。一个探究式教学是否可行，要重点关注以下三个方面：探究的时间是否充分、实验器材是否可行、学生的原有知识是否够用。

（一）探究的时间是否充分

一个探究式教学一般由教师的引导，学生的思维、实验、交流与讨论等一系列活动组成，所以探究需要时间，尤其是课堂探究式教学，如果没有时间的保证，探究式教学就会流于形式，达不到应有的教学效果。例如，在探究牛顿第二定律时，由于要控制的变量多，需要测量的物理量也多（有小车的质量、沙桶的质量、纸带上的一系列数据及其处理），而且需要多次实验，仅纸带就有十多条，可以说，这个实验仅数据处理就需要 45 分钟以上。又如，在如何判断感应电流方向的探究活动中，不同的实验条件（条形磁铁在线圈中相对运动，原、副线圈的相对运动，直导线切割磁感线运动）可得到 10 多种符合本实验条件的结论，这个探究活动的实验现象是明显的，结论是众多的，如何将各式各样的结论统一起来，概括出普遍适用的规律，并不是一件容易的事，这需要教师的引导，学生的讨论、交流，甚至是争论，这一切都要有充分的时间。

为确保有充分的探究时间，对于一个完整的探究，建议用连堂的方式来设计探究教学，如果是部分探究，建议不要集中在一节课内完成，而是渗透到各个教学环节当中来完成。

（二）实验器材是否可行

制定计划与设计实验是科学探究的七个要素之一，所以，在物理探究教学中，很多教师总会希望设计相关的实验来验证某些假设，或设计实验让学生经历探究过程。但是我们必须注意，仪器的精密度是否符合要求（如光电效应的实验），以及操作是否可行（如研究向心力大小与各因素的定量关系）。如果实验结论的可信度受到怀疑，将不利于我们探究教学的顺利开展。例如，用伏安法测量电阻，电路有电流表内接法、外接法两种连接方法，有些教师想让学生更好地掌握在什么条件下采用哪种连接方式，进而用实验进行探究教学，这种想法是非常好的，但结果却往往不够理想。因为电压表和电流表的读数所引起的误差已超出由于连接方式所带来的误差，实验过后，学生并不能把问题弄清楚，反而更糊涂了。

为确保探究教学的顺利开展，教师一定要事先亲手做实验，不要太迷信教科书给出的实验，当发现教科书所提供的实验器材不可行时，可以从以下几个方面考虑教学设计：①是否可以用其他仪器代替。例如，用伏安法测量电阻实验中的电压表和电流表能否用毫伏表、灵敏电流表代替，或用其他间接的方法进行。在科学研究中，如果对某些物理量的测量很困难或根本就不能进行，就转而采用间接测量的方法，这是一种很重要的思路。②将定量研究改为定性研究，如将研究向心力大小与各要素之间的定量关系改为定性研究，只感受向心力。③将实验探究改为理论探究。

（三）学生的原有知识是否够用

整个探究的过程，无论是假设还是分析与论证，学生都必须调用原有的知识。所谓原有的知识，包括学生原有的物理知识，以及数学知识、地理知识、化学知识等其他学科的相关知识，还有学生的生活经验，如农村学生对电梯、升降机、热水器、自动门等是很陌生的，而城市的学生则对杆秤、犁、烧柴煮饭之类是很陌生的。所以，在设计探究教学的内容时，一定要考虑能否与学生的原有知识发生作用，从学生的实际出发，不要一味地从物理知识出发，否则探究会中止，出现冷场现象，最后教师只好包办代替。当学生的原有知识不够用时，我们可以提供必要的背景资料或改探究教学为有意义的接受式教学，良好的接受式学习对知识的获得和理解同样有效。

五、必要性

在物理教学中倡导探究式教学，是要改变教师的教学方式和学生的学习方式，但在设计探究教学时，则要考虑它的必要性，不能为探究而探究。例如，在学习匀变速直线运动规律这一教学内容时，可以把节拍器作为计时器，先用一个斜面进行实验探究，其目的是想得到位移和时间之间的有关常量。在这里，介绍伽利略将实验与逻辑思维相联系进行科学研究的思想是有必要的，而不必设计这样一个实验探究。这是因为，一方面，这个探究需要较多的时间和较大空间，另一方面，这个实验的误差大、效果差，不利于学生形成实事求是的科学态度。其实，有意义的接受式学习或间接获得知识也是学生获得知识的重要途径，即使没有这个探究活动，也不会影响对匀变速直线运动规律的教学。从加速度的定义 $a = \dfrac{v_t - v_0}{t}$、平均速度的定义 $v_{平均} = \dfrac{s}{t}$，H 和匀变速直线运动的平均速度公式 $v_{平均} = \dfrac{v_t + v_0}{2}$ t 出发推导出匀变速直线运动的规律，也是一个很好的教学方法。建议将这个实验探究放在课外进行。

探究物理规律时，是否使用现代实验手段，也要考虑它的必要性。例如在探究牛顿第三定律时，如果一开始就设计使用力传感器和计算机连接的方式来代替弹簧测力计进行探究，效果反而不好，倒不如先利用两个弹簧进行实验，让学生做静态的观察，然后再利用力传感器和计算机实时采集的数据进行动态的分析，效果可能更好。需要指出的是，在物理教学中，能用简易器材进行实验探究的尽可能用简易器材，可以在课堂教学中使用可乐瓶、易拉罐、饮料吸管、胶带等生活中常见易得的物品做物理实验。

六、层次性

从整体上来说，探究式教学还是一件新事物，所以在探究式教学的设计上，要遵循由浅入深、循序渐进的原则，注意探究的层次性。所谓探究的层次性有几个方面的含义：

第一，不同阶段的探究课要在基础上有所提升和拓展。

第二、同一个探究内容中要有一定的层次性。例如，在研究落体运动时，先探究简单的：轻、重物体下落的快慢与哪些因素有关；然后探究更深层次的：如果没有空气阻力，物体竖直下落时是做什么性质的运动，是匀速、匀变速还是匀加速。比如，在学习曲线运动时，可先设计一个曲线运动速度方向的探究实验，然后在这个基础上进一步探究物体做曲线运动的条件。在探究运动的合成与分解时，可先探究运动的合成与分解遵循平行四边形定则，然后进一步探究什么情况下合运动做直线运动、什么情况下合运动做曲线运动。在研究单摆的周期时，可以先定性探究单摆周期与振幅、摆球质量、摆长和重力加速度的关系，然后进一步探究单摆周期与摆长和重力加速度的定量关系等等。

第三，物理的探究教学要有一定的层次。共同必修部分在设计上要简单、具体一些，尽可能对探究的内容作出必要的提示和帮助，这包括实验目的、提供实验器材、设计数据记录的表格、数据处理的方法等，如探究弹簧伸长的长度与其受力的关系、运动物体加速度与物体质量和所受外力的关系、曲线运动的条件等。在学生逐步习惯并掌握这种学习方式后，选修部分的探究设计就可以复杂、抽象一些，尽量放手让学生自主探究，如决定电阻大小因素的探究、凸透镜成像规律的探究、判断感应电流方向的实验探究、物体弹性碰撞特点的探究等，都可以让学生经历更高层次的探究活动。

探究是多层面的活动，包括观察、提出问题、通过浏览书籍和其他信息资源发现什么是已知的、制定调查研究计划、根据实验证据对已有的结论作出评价、用工具收集、分析、解释数据、提出解答、解释和预测以及交流结果等。为提高物理探究的质量，在设计探究式教学时，必须保证探究的内容要丰富、探究的方法要多样、探究的方式要灵活。

物理探究的内容不仅限于共同必修部分，在选修部分也要设计相应的探究内容，不仅在力学部分要设计探究内容，在电学、热学、光学、原子物理等内容也要设计探究内容。对那些难于组织学生直接探究的内容，则要考虑渗透探究的思想，如在学习分子动理论时，可组织学生进行一些类似探究的活动：①用碳素笔在纸上画一笔，再用放大镜或低倍显微镜观察（要让学生明白物质是由很多微小颗粒组成）。②将体积相同的黄豆和大米倒入一个量筒中并反复翻转，观察两者混在一起后的总体积与各部分体积和的关系（要让学生明白颗粒之间是有空隙的）。又如，在学习原子的核式结构时，可以组织学生进行"黑箱"模拟探究。

物理探究在方法上要多样化，多样化的探究能满足不同认知结构、不同能力层次学生的需要，真正体现面向全体学生的教学。例如，在测量电源电动势和内阻的实验中，可以设计多种方案。类似的，可以设计成探究方法多样化的探究还有：研究自由落体的规律、测定重力加速度、探究外力做功与物体动能的变化关系、验证机械能守恒定律、测定水的折射率、测透镜的焦距等。

七、开放性

开放性是探究式教学最显著的特性。探究教学要求教师不能设计过多的教学事件来干预学生探究的过程，要充分发挥学生的主体性。例如，现有一卷粗细均匀的裸铜丝，请你设计几种不同的实验方法，在不拉开这卷细铜丝但可以截取一小段的情况下，估测这卷细铜丝的长度所用器材不限。由于实验中所用器材不限，因此学生设计实验方案的思路很多，可以从浮力中的排水法、称重法等知识或者从密度知识等角度测出该卷细铜丝的总体积，再利用刻度尺间接或直接测出细铜丝的直径，通过公式 $L = V/S$ 求出总长度；也可以利用比较法测出一小段细铜丝的长度、质量或重力，再测出这卷细铜丝的总质量或总重力，加以比较后求出其总长度。

由于学生的思维空间、活动空间很大，因此学生参与的积极性高，即使基础较差一些的学生，也能根据自己的兴趣、已有的知识选择不同的学习角度，然后通过自己的实验操作，达到实验教学的目的，从而体会到成功的快乐，激发起探索问题的兴趣和欲望；而对于基础较好的同学来说，他们能设计出多种方案甚至富有新意或独创性的方案，因此，更能培养他们的发散性思维和创新性思维能力。因此，选择适合自己的学习角度，更利于学生学习主动性、积极性的发挥，为提高课堂教学效果奠定基础。

八、问题性

提出问题是科学探究的前提。爱因斯坦说过："提出一个问题，往往比解决一个问题更重要。"要培养学生自主提出问题的能力，用恰当的问题情境激起学生思考的冲动，引发学生的求异思维和创新思维，增强学生质疑的意识。教师应精心设置探究情景，使情景中隐含着要探究的问题。

九、趣味性

学生对探究内容的兴趣是探究活动进行下去的动力源泉。什么样的内容才能引起学生的兴趣呢？首先，能够满足学生现实需要。这也是当代科学教育把目光转向学生生活、选择切合学生实际生活内容的原因。生活中有大量学生感兴趣的物理问题，如家用电器、交通工具、高品位的动画片等等，把生活中的物理问题与物理规律与教学实际相结合进行探究，会增强物理课的亲切感和趣味性。在提问的同时，也可以安排演示实验，极大限度地激发学生的探究动机和探究欲望。这样就把研究的主动权交给学生，提高了学生提出问题的能力，使学生感到兴奋，产生探究的欲望。在评价标准的设计上，也要考虑到如何设计一些标准，以评估学生的参与程度和学习态度。

物理探究活动的方式要多样化，不仅要设计课内探究还要设计课外探究，不仅要设计实验探究还要设计理论探究，不仅要设计完整探究还要设计局部的探究，文献探究、网络查询等方法均可纳入物理探究的范围之内。

第四节　探究式教学的实施与注意要点

一、探究式教学的实施

（一）探究式教学的实施策略

1. 引导、鼓励学生大胆质疑

探究式教学离不开学生的质疑，学生只有有了疑问他们才能有学习的目标才能有探究的动力。因此，我们在开展探究式教学时，应首先根据物理教学内容以及学生的实际情况引导学生发现可以质疑的关键点，进而抛砖引玉式地提出几个问题，为学生质疑提供基础。在学生学习的过程中我们还要时时刻刻注重引导学生大胆质疑不要把思想禁锢在书本上，要有自己的想法。

同时，在探究式教学过程中，教师也可以根据教学内容的需要主动设置一些与课本内容不相符甚至是相悖的教学内容，引发学生质疑、探究的动力。学生有了疑问就会积极主动地开展探究式学习，我们的教学也更有效率。

因此，学生能否质疑是我们探究式教学能够成功的关键，每一位物理教师都应根据教学内容以及学生的实际情况选择恰当的引导方法，激发学生的质疑思维。

2. 创设良好的教学环境，激发学生的探究热情

环境对人的影响是十分重要的，一个好的环境可以激发学生积极向上的热情，反之一个不好的环境也会使学生变得散漫、懒惰。因此，我们应注重营造一个良好的教学环境激发学生的探究热情，让我们的探究式教学还没有开始学生就有跃跃欲试的冲动。这样的教

学环境是有效开展探究式教学的基础。

在做教学设计的时候我们就应充分考虑到教学设计营造的教学环境是否能够激发学生探究的欲望，是否能够调动学生参与探究的热情，是否能够把学生带入探究的情境中来。一个良好的教学环境也是评价我们教学是否成功的关键。

总之，一个良好的教学环境，一个浓郁的学习氛围可以给予学生新的活力。让学生爱上探究、乐于探究，积极主动地参与探究活动。

3. 给予学生探究活动充裕的时间与空间

探究式教学更符合新课程标准的要求在探究式课堂上，学生是学习的主体体现得更为淋漓尽致。探究式教学是一个教师为辅，学生为主的开放式的课堂。既然是学生探究，那么教师就应该充分尊重学生的想法，给予学生充分的时间与空间，保证学生能够思想放松地开展探究活动。

在传统的教学中，许多学生都畏惧教师的威严，在学习的过程中总是畏首畏尾，教师说什么他们就听什么。这样的思想是不可取的，尤其是在物理教学中。

探究式教学就是需要解放学生的思想，解放学生的大脑，让他们大胆想象，大胆讨论。

因此，教师应该"退居二线"，引导学生发挥自己的主体作用，不要畏惧教师，要敢于发言，敢于交流。在探究的过程中，教师不能只顾教学进度而打断学生积极热烈的探究。要充分考虑学生的活跃程度，如果学生探究的热情减少，那么我们应立即开展相应的其他教学互动，但是如果学生还在热烈的探究活动中，那么我们就应给予学生充分的探究时间，保证学生的学习需求，也是为了保护学生的探究热情。教学效果始终比教学进度要重要。

同时，在探究式教学中，为了提高学生的探究热情，教师还可以给予学生表现的舞台。教师在发现某位学生有好的想法时，可以让他到讲台上展示、讲解自己的观点。这样一来不仅会对有好想法的学生起到鼓励的作用，同时还可以激发其他学生的思考热情，激发其他学生上台表现的欲望。

作为教师，我们必须给学生提供一个探究交流的平台，让它展现学生在探究中对成功的需要。让学生在说、演、辩等具体形式中尽情展示各自的才华，通过平台，学生们的思想得到交流、放大，学生们的积极性最大化调动起来，不断提高课堂教学效益，促进学生综合素质的提高。这正是学生和教师最大的收获，也是现代教学追求的最高目标与境界。

总之，探究式教学作为一种新的教学模式还需要我们加大研究力度。物理教学是一门实验科学，是建立在实验的基础上的。利用探究式教学开展物理学习可以有效地提高学生的学习效率，提高教学效果。让我们每一名物理教师都行动起来，努力研究、实践，探究式教学在物理中的应用，努力提高我们的物理教学水平，提高学生的物理学习能力。

（二）探究性教学的实施步骤

探究教学也可以是：发现问题——收集资料——提出假说——验证假说——得出结论——提出新问题。从而促使学生通过问题、假说、实验、分析、结论等环节，这种基于多种活动的探究性学习，本质上就是让学生像科学家那样，发现问题、提出问题、探索问题、解决问题，从而自主建构知识结构。

探究式教学在思想政治理论课教学中的实际运用主要体现在课堂教学中，探究教学模式包括以下几个具体实施步骤，即设置情境——提出问题——分析交流——总结评价——拓展延伸。

另外一种自主探究学习教学模式为杜威和布鲁纳所倡导的"发现教学"模式，即发现问题、提出问题与解决问题的全过程。

1. 揭疑质疑，引发动机

学生通过网络情境观察或课本阅读，经过自身思考发现问题、形成问题、提出质疑，引发探究解疑获取新知识的动机。

2. 初步探究，进行假设

学生根据问题，进一步通过网络检索、课本阅读或其他途径的学习，对未知的问题进行初步的了解，并作出初步的试验性假设、推断或猜测。

3. 深入探究，寻求答案

根据自己的试验性假设，进一步通过网络、课本或其他途径去了解相关知识的全过程，验证自己的假设，使之与实际情况完全吻合，形成解释，获得相应的答案。

4. 深入辨析，检验新知

对自己探究获得的新知，进行成果形式的交流，深入进行各种形式的协作辨析，或把问题引向纵深，得出更为可靠的结论。

5. 应用练习，拓展新知

在得出问题的结论、获取知识的基础上，可以进行应用性练习，或继续进行拓展性的探究。

6. 反思评价，加深内化

在完成知识重组的基础上进行反思评价，以加深同化与顺化等知识内化的过程，进一步提高探究意识和能力。

探究式教学有各种实施步骤，但都是按照科学研究的一般程序设计教学过程，就是按照提出科学问题、收集事实资料、作出科学假说、进行实验验证、得出科学结论的程序进行课堂教学设计。探究教学的主要目的是使学生通过探究知识的发生过程，掌握科学的思维方法，以培养学生的探究能力和科学研究能力，其核心是让学生通过自我探索、收集科学资料，并阐明把这些资料转化为科学结论以解决问题的途径与方法。

二、探究式教学的注意要点

物理实验课程的试验表明，探究式教学进入课堂正改变着教师的教学方式和学生的学习方式。在此试验过程中，既积累了不少好的经验，也出现了许多问题和困惑。例如，由于课堂探究活动的增加，教师负担加重，教学任务难以完成，课堂表面看起来轰轰烈烈，但学生似乎什么也没学到，在探究中，能力较强的学生收获颇多，能力较弱的学生稀里糊涂，两极分化严重。

下面是探究式教学实施应注意的问题。

（一）不要把探究式教学理解成七个探究要素的流程式教学

物理教学对科学探究提出了七个要素，这七个要素为提出问题——猜想与假设——制定计划与设计实验——进行实验与收集证据——分析与论证——评估——交流与合作，这是为了让广大教师了解科学探究所包含的基本要素，并希望在物理教学过程中，通过若干课题的研究后，所有的过程目标都能得到强化，从而使学生科学探究的整体能力得到全面的提高。但在教学中，却发现有些教师过分拘泥于探究式教学的程式，无论什么探究活动，都要套用七个要素来一遍，把探究式教学理解成七个探究要素的流程式教学，结果弄得很生硬和别扭。在教学实践中还发现，不是所有的探究都一定具有七个要素，如"曲线运动速度方向的探究教学"，该探究就没有猜想与假设这个环节，但一点也不妨碍探究的进行，学生带着问题进行实验、收集实验信息、对实验信息分析处理、最后得到结论。又如，在上"电磁振荡"这一节课时，教师在下课前布置了思考题。思考题给学生有思考的余地，带着问题下课，学生就会在课后主动复习，查阅有关资料，根据所学的知识试探性地解决该问题，这就是一个很好的探究教学，尽管学生无须经历猜想与假设、制定计划与设计实验这几个环节，但一点也不影响学生探究的进行。

探究式教学不是呆板的僵固的，而是灵活的，在物理的探究式教学中，要根据具体的教学内容，对七个探究要素作不同的要求和侧重。例如，关于"感应电流的方向（楞次定律）"的探究，其重点环节是探究结论的形成和表述；探究"单摆周期与什么因素有关"时，由于这是一个定性探究，控制变量就变得很关键，所以设计实验是这个探究的重点；探究"单摆的周期和摆长的关系"时，数据分析和处理是这个探究的重点；在"原子核式结构的探究教学"中，根据提供的问题背景，对原子结构提出各种各样的假设以及对各种假设进行归纳总结，得到一个较为合理的结论则是这个探究活动的重点等等。

（二）不要把探究教学理解成完全放手让学生自由活动

探究式教学是在课堂教学情境下由教师组织、参与、指导和引导，学生从好奇心及兴趣出发，自己发现问题，通过实验、实践，用所学的知识去解决问题、验证原理或相关知识的综合性教学活动，千万不要把探究教学理解成完全放手让学生自由活动。

例如，在对"探究串联、并联电路中的电流规律"这一节探究课进行教学时，有些教师认为探究就是让学生自由活动，于是没有事先准备好教学，在教学中也没有对学生进行必要的引导和指导，结果使学生的探究活动显得非常无序，很多学生在纠缠灯泡为什么不亮、为什么不能调高电压、电流表指针为什么向反方向偏等问题上，课堂气氛看起来轰轰烈烈、热热闹闹，但实际上学生却一无所获。另外比如在"合力与分力关系的探究实验"中，有些教师完全放手让学生自由活动，使学生普遍得到"没有记录橡皮筋伸长后的结点位置，没有用力的图示标注合力与分力的大小"的实验记录，从这个记录我们可以看出，学生肯定不能顺利完成这个探究活动。其实，要在实验的基础上得到力的合成的平行四边形定则，并不是一件容易的事。这是因为：第一，本实验涉及到等效替代的物理方法；第二，学生以往的实验记录都是一些数字，而这个实验记录有数字（弹簧测力计的读数）、点（力的作用点）和线（力的作用方向），学生对这种记录方法不一定习惯；第三、以往的实验处理都是加减乘除的运算，这个实验却需要用作图来处理。所以，在"合力与分力关系的探究"教学中，教师要在以下几个方面对学生进行指导：①本实验的思想方法是等效替代，替代的前提是等效。②本实验中如何才算等效？（橡皮筋伸长的长度相等）③实验中要记录一些什么东西？（力的三要素，即大小、方向和作用点）④记录时要注意什么？（合力、分力的作用点相同，即用一个和两个弹簧测力计拉橡皮筋时，要保证橡皮筋伸长的长度相同，并要在白纸上记下这个伸长点的位置）⑤怎样记录？（该实验是在一张白纸上画点、画线）⑥两个分力的代数和会等于合力的大小吗？⑦如何处理记录的信息？（用力的图示法画出分力、合力，以两个分力为邻边作平行四边形，并画出其对角线，将这条对角线与记录的合力进行比较。）

在探究式教学中，教师管得太多、束缚学生的手脚固然是不好的，但什么都"放手"

不管也不行。教师要精心安排，充分预测，在探究过程中要和学生同忧、同乐，一起享受成功与失败，并引导好学生积极参与"过程与方法"，在感受体会中总结提高。

学生受到原有基础知识、智力和非智力等因素的影响，如果探究成为自由活动，那么基础知识差、探究能力差的学生就会产生依附心理和自卑心理，从而会导致严重的两极分化，这违背了探究式教学旨在提高全体学生科学素养的初衷。

可以说，探究式教学的成功与否与教师的积极指导是分不开的，尤其是探究教学的起始阶段。

（三）不要把探究式教学与讲授式教学对立起来

讲授式教学就是主要由教师用语言传授知识，学生间接地获得知识的教学过程，间接获得知识仍然是学生获得知识的重要途径。在新课程中提倡探究式教学，并不是要否定讲授式教学，为提高探究质量，我们仍然不能忽视讲授式教学。因为探究的过程离不开应用知识和技能，在提出问题时，评价问题的价值和可探究性时需要一定的知识；在作出猜想与假设时，需要依据已有的知识和经验；设计实验时，需要掌握相关的原理和方法。只有将证据与科学知识建立联系，才能得出合理的解释，检验和评价探究的结果需要原理、模型和理论。而这些知识和技能不可能都通过探究直接获得，都必须依赖教师的有效讲授。

探究不仅需要时间和空间，还需要探究者的顿悟，即使有现成的答案，也并不是所有的探究都能得到理想的结论，如在探究光的反射规律时，为什么会想到引入一条法线；在探究通电导线在磁场中受力方向时，即使是明白了这个方向有一定的规律可循，但为什么会想到用左手来判断；在探究光的折射规律时，为什么会想到用入射角和折射角的正弦比，等等。这些内容用讲授式教学就会比用探究式教学的效果更实际和有效。

教学方式是多样的，不同的教学内容可采用不同的教学方式。知识性、定义类、单位及其换算类的内容，主要采取讲授式教学方式，如电流的定义、方向、单位及其换算。凡是概念性强、学生容易产生分歧的内容，一般采用讨论式教学方式，如功的概念、牛顿第一定律等。凡涉及应用知识的迁移能力、对待事实证据的科学态度、搜索信息能力、交流与合作能力方面的内容，一般采用探究式教学方式。在传授知识的同时渗透探究的思想，在探究的过程中传授必要的知识，也是一种可以借鉴的教学方式。

（四）探究式教学也要有相应的作业

传统的任何一种教学方式，都会给学生布置相应的作业，用以巩固加深对概念和规律的理解。而探究式教学的作业问题，无论在哪个阶段的新课程实验中，都是一片空白。通过布置相应的探究作业，会对我们的教学有很大的帮助。如通过分析学生原始数据的记录，可大致了解学生实验情况，分析学生对实验结果的表述，可大致了解学生对知识要求掌握的程度，分析学生对实验过程、实验结果的进一步思考和建议，可大致了解学生的情感态度和价值观等方面的情况，并可发现学生的闪光点和创新思维，等等。

以什么样的方式完成探究作业？完成怎样的探究作业？这些将是物理教学中全新的研究课题。探究报告、课堂原始记录、课后反思、别的方法、建议、评价等都可以成为探究作业。总之，探究作业的形式不拘，内容不限，只要能反映学生学习状况就行。布置探究作业，可促进探究教学的顺利健康发展，正如向水中丢一块石头，肯定会激起几朵浪花。

第四章 物理课程资源与教学设计

第一节 物理课程资源及其分类

一、物理课程资源概述

(一) 课程与课程资源

当你看到教学资源这个词时，肯定会想到课程资源，进而会问，课程资源和教学资源指的是什么？这两者之间有什么样的关系？我们可以简单地回答这个问题，那就是教学资源是课程资源的一部分，而物理教学资源自然也是教学资源的一部分。课程资源、教学资源和物理教学资源三者之间是包容的关系。

课程资源与课程存在着密切的关系，没有课程资源也就无从谈课程。一方面课程资源是课程的前提，它是课程开发与课程实施的素材和条件，即是课程的来源和母体，课程资源只有经过选择加工并付诸实施才能真正进入课程；另一方面有课程就一定有相应的课程资源作为前提，课程实施的范围与水平取决于课程资源的丰富程度和开发运用水平。

对于课程资源的概念，当前的学术界没有一个公认的定义。但一般认为广义的课程资源是指"所有有利于实现课程目标的各种因素，如生态环境、人文景观、国际互联网络、教师的指示等"，根据《教育大辞典》，课程资源是指为设计课程和制订教学计划服务的各种可资利用的途径、方法。狭义的课程资源是指形成课程的直接因素来源，典型的如教材、学科知识等。根据相关资源与学校这一主体之间的空间位置关系，相关资源可划分为校内与校外两种资源。校内资源是为师生所方便获取与应用的，并且在教学实施计划之内，所以其使用效率、频率较高，比如实验室等场所。而校外资源除非被提前纳入课程计划序列内，否则对校外资源的应用可能由于缺乏计划性而导致效率与效果低下。

（二）物理课程资源

在物理教学的过程中，我们每天都在利用相关的物理教学资源。我们知道，在具体的教学实践中，对于同一个教学内容，不同教师的授课方法、表达形式、研究方向和思考的角度是有很大区别的，这些区别与教师拥有的物理教学资源有密切的联系。一个教师拥有的物理教学资源越多，他的教学就越形象、生动、风趣和有效，越受学生的喜爱；一个教师拥有的物理教学资源越丰富，他的教学就越能左右逢源、水到渠成、深入浅出、化难为易，变抽象为具体、变复杂为简单。因此，我们可以这样认为，凡是能为达成物理教学目标提供服务的图书资料、仪器设备、思维方法、自然现象和日常生活等的总和，称为物理教学资源。我们就学习中可用的主要物理教学资源进行一个分类（如表4-1），表中的分类项目有包含，也有交叉，从中可以对物理教学资源有更进一步的认识。

表4-1　主要物理教学资源分类

教具类	粉笔、黑板、小黑板、黑板擦、备课本、批改作业用的红笔、三角板、刻度尺
图书资料类	教科书、教学参考书、教辅读物、练习册、报纸杂志
仪器设备类	实验室、实验器材（如电流表、电压表、打点计时器之类）、投影仪
教师进修类	听公开课、观看示范课、参加教研活动、听专家报告、外出交流学习
辅助教学类	录音带、录像带、幻灯片、教学挂图、科学家画像及名言
现代技术类	CD、VCD、光盘、计算机、互联网、数码摄像机、数码录音机、多功能电教室

物理课程资源的概念是建立在课程资源的基础之上的。物理课程资源有广义和狭义之分：广义的物理课程资源指与形成物理课程有关的一切因素来源（包括直接的和间接的来源）及实施物理课程的必要而直接的条件；狭义的物理课程资源则仅指形成物理课程的直接因素来源（如物理知识与技能、探求物理知识的过程与方法、科学态度与价值观等）及实施物理课程时的一些必备条件（如学生、物理教师、物理实验室、教室以及物理教学环境等）。

也就是说，凡是能为达成物理教学目标提供服务的图书资料、仪器设备、思维方法、自然现象和日常生活等可资利用的资源（包括教材、教师的特长素质、学生的经验经历、家长以及学校、网络、家庭和地方社区中所有有利于实现物理课程目标、促进物理教师专业成长和学生个性的全面发展的各种资源）的总和，称为物理课程资源。

教科书、教辅用书、练习册等一直是我国学校教育的主要课程资源，但并非课程资源的全部内容。其实，课程资源的内涵极其丰富，尽管课程标准、教材、教学用书等只是构成一门课程的重要元素，也是课程实施所必需的。但要使课程发挥更大的功能，最大限度地促进学生的全面而有个性的发展，教师在教学过程中，还需要经常准备挂图、模型、投影片、录像、录音、课件等来辅助教学，经常用到各种演示实验或组织学生实验。为了课程的有效实施，教师们总是有意识地从各种科技图书、报刊、电视、各种视听光盘中收集课程实施所需要的资源。有时，为了教学需要，他们还到校内的或校外的图书馆，或者通过网络查询数字图书馆和各种网络资源，有时还要向与物理教学相关的科研人员、课程专家、教学专家等咨询，这些场所、人力等应该都是课程资源。另外参与物理教学活动全程的教师和学生也属于物理课程资源之内。在课程实施中不可避免地要涉及教师和学生的身心状况、个体经验与理想需求、情感发展等，而这些正是思考课程与课程资源不能回避的重要因素。

（三）身边的物理教学资源

对待物理教学资源，很多教师认为主要是由上级教育部门配发的教科书、实验器材，或者是高新技术、昂贵的实验仪器等。其实不然。我们身边处处都是物理教学资源，只要我们有教学资源的意识，就能充分挖掘身边潜在的教学资源。下面按题材列出一些可开发和利用的物理教学资源。

农村题材：犁、耙、镰刀、铁锹、锄头、风车、扁担、手推车、打谷机，高山蓄水与小型水电站；人耕地、牛耕地和手扶拖拉机耕地与功率问题；晒稻谷、烧开水、架柴烧火的诀窍等。

城市题材：高楼大厦与高空坠物的危险，玻璃墙与光污染，车水马龙与噪声，汽车、摩托车与空气污染，红绿灯与交通安全等。

商场题材：升降机、电梯、自动门、灯光、音响等。

家庭题材：各种家用电器、厨房里的物理等。

体育题材：投掷运动、球类运动、田径运动、跳水运动等，涉及到物理学中几乎所有的力学知识，如质点、位移、时间、时刻、平均速度、瞬时速度、加速度、力、力的合成与分解、直线运动、曲线运动、抛体运动、能的转化与守恒等。

学生题材：文具盒、三角板、笔、纸张设计小实验；背书包、骑自行车与物理学知识；一天中能的转化与补充；小组学习、合作学习、交流与讨论、互帮互助、共同研究。

教师题材：教学设计、教学随笔、教学心得、教学体会、教学反思和教学论文等是非常丰富的经验型教学资源。

人力资源：专家、教授、学者、学生、技术员、工厂工人等。

（四）物理课程资源开发与利用

对物理课堂教学而言，校外、校内两种课程资源于课程实施均有重要价值，但事实上二者在应用形式、功能等方面具有一定的差别。从资源应用的便利性、计划性、可持续性等角度来看，校内资源均优于校外资源。所以，开发与利用物理课程资源时，着力点在校内。校外资源当然应该在学校的计划范围内，但更多地扮演备选与辅助的角色。另外，物理学是自然科学的分支，主要研究物质的构成、相互作用以及运动规律。同时，它还具有方法论的性质，与研究自然、社会、思维世界的普遍规律的哲学有着极强的关联性。所以，物理课程资源的开发和利用必须结合物理学本身的特点，着眼于内涵丰富、价值高的优质资源开发与应用。

1. 开发和利用校内物理资源

校内物理课程资源具有多样性，包括教师资源、教学设施、多样化的教育活动等。由于各种课程资源具有不同的应用形式、使用价值，所以对教学的实施效果殊异。因此对这类资源的开发应有计划、综合进行，形成资源类别的立体化格局。

（1）丰富扩展课程教材

在物理课堂上，教材一直是教师教学的唯一资料。但教材绝不是教师唯一的物理课程资源。教材存在许多局限性。教师要以教材为本，利用身边的资源开发出适合学生的教材资源。

例如，教师可以分析投篮时篮球的飞行轨迹，把它作为案例用到《抛物线》的讲解中。教师也可以把篮球转换成乒乓球。这样做不仅可操作性强，而且可以更直观地让学生看到乒乓球的运动轨迹。这个课程资源的引入不仅可以丰富课本内容，而且源于生活，可以提高学生的观察力。

（2）开发利用课程试验

试验在物理研究中是必不可少的。教师要注重这方面的课程资源探究。由于学校的资源有限，教师应该开发出更多的试验课程资源来。这样不仅可以让学生更形象地看到实验结果，而且能很好地激起学生的学习热情，提高学生的兴趣。

例如，在讲解万有引力时，教师可以引入比萨斜塔实验这一课程资源，让学生亲身感受引力。教师可以准备一本书和一张白纸，在实验前，先问问学生哪个会先着地。大部分学生肯定都会说是书。然后，教师就可以开始试验了。教师把纸张放到书的上面，然后撒手。这时，书本和纸张以相同的速度向下掉落。试验结束后，学生肯定会非常好奇。教师就可以给他们讲解其中的物理原理。这个实验的引入不仅可以提高学生的学习兴趣，而且能让他们更直观地感受到物理原理，从而加深印象。

（3）教师资源的开发

教师既是课程的实施主体，同时也可以借由自身的经验、知识对教材或课程进行二度开发，从而使得课程的实施更具有场景性与适切性。更为重要的是，从知识结构的角度来看，蕴藏于教师经验中的隐性知识在一定程度上决定了教学的个体色彩，并直接影响教学效果。教师隐性知识的显性化是教师同侪互助的首要前提。所以应建立基于学校层面的专业发展共同体，通过日常教学协作、教学观摩、合作教研活动等形式，增强优秀师资隐性知识的影响面，促进新手型教师的快速成长。另外，教师作为反思型实践者做到对自己日常专业实践活动进行惯常化的反思，有助于教师的专业发展。在实施方法上，基于教学录像进行的专业活动分析效果明显。

（4）基于校园网络的信息化资源开发

学校的教学设备及场所呈现出多样化，如：多媒体、网络、计算机、电子阅览室、图书馆、实验室等等。有效开发和利用物理课程资源不仅可以激发学生的积极性还可以扩展学生的思维。诸如挂图、视听光盘、投影片、幻灯片、录像带、多媒体软件等比较普及，在教学中可根据实际需要，将传统媒体与信息化媒体合理组合，以增强教学效果。

多媒体软件的应用

比如关于匀速直线运动的性质，利用多媒体软件，并用幻灯片向学生进行展示，并同学生共同展开探究，提升课堂效率的同时也易于深化学生对知识的理解。另外，机械波传播、分子的热运动等内容相对抽象，学生在理解上存在一定难度。教师可利用计算机进行动态模拟，从而使教学更形象和生动。

网络资源的开发与利用

因特网、校园网及嵌入于校园网上的物理实验平台、即时通信工具等，如果应用得当，均可以有效促进教学的发展。

比如中国科普网，知识与实践联系紧密，图文并茂，易于提升学生的学习兴趣、开阔其视野。各种物理辅导网网站涵盖了物理学习的各方面，是学生开展第二课堂的有效平台。还可以引导学生积极使用诸如 CNKI、万方等网络数据库进行文献搜索、数据整理，提升其信息素养。上述内容既可以通过适当的形式引入课堂，也可以作为学生发展兴趣的有效平台。

其中，物理虚拟实验室网站具有在线仿真物理实验过程的功能。

物理实验资源的开发与利用

物理学是一门以实验为基础的学科，物理学实验是人类认识世界的一种重要活动，是进行科学研究的基础。所以，充分发掘、利用学校现有的实验资源，在扩展物理教学的深度与提升学生高阶能力的培养方面具有强烈的现实意义。一方面应放手让学生动手做实验，同时在这一过程中教师应及时在步骤、方法等方面给予指导，引导学生在经历数据收集、信息分析、归纳总结规律的过程中，体验实验探究过程。如《串联电路和并联电路》实验的开展，学生仅凭教师的讲解，难以理解电路的本质。如果教师在告知学生正确的实验方法和原理后，让学生自己开展实验探究，体验准科学研究的过程，则教学效果会更好。

同时，还可以鼓励学生放开手脚、开动脑筋，对废旧仪器进行二次利用，从而培养其创新意识与思想。比如用废干电池中取出的碳粉涂在白纸上，制作导电纸，从而解决了学生实验器材不足的困难；将塑料老化后的"磁场空间分布演示仪"中的磁体和小磁针卸下，可再用于学生课外小实验，从而有效解决了器材短缺的问题。还可以引导学生利用生活中常见的物品制作、开发小实验，如利用筷子，小饮料瓶，米粒进行静摩擦力的探究实验米粒等。

2. 校外物理资源的开发和利用

校外物理课程资源包括学生家庭、社区及社会中有利于物理教育教学的各种设施、场所、人文和自然现象资源等，同样是极丰富的课程资源。事实上，学校同社会往往具有强烈的互动与吁求，在彼此促进与作用的过程中实现了有意义的反哺。比如科技馆、博物馆等承载了人类社会发展历史与成果的对象就是开展物理教学的优质场所。还可以根据教学需要，到附近相应的工厂进行参观，让学生实际观察、体验物理知识的实践应用成果。

人类社会发展过程中形成的价值观念、风俗习惯以及丰富多样的自然现象同样也蕴含着多样化的物理教学资源。例如讲解光的色散现象时，将彩虹现象作为例子效果良好。因为彩虹的形成就是因为不同波长的光波在经过水滴时产生不同的折射所产生的。中国古典文化中的隔墙有耳、泥牛入海、如坐针毡、钻木取火等成语，以及有麝自然香、何须迎风扬，朝霞不出门，晚霞走千里等俗语蕴含了古人对自然现象的科学理解，应用在教学中可起到画龙点睛的效果。

充分利用社会实践。物理是一门注重培养学生联系社会生活的学科。教师应该为学生开发出适合的社会实践课程资源。在传统的物理课堂上，学生往往只会在课堂上思考相关的物理知识，不仅会越学越没有兴趣，而且不能有效地拓展思维，造成想象力的缺乏。因此，教师应组织好课下社会实践，让学生多观察、多思考，发现身边的物理现象。例如，教师可以在周末组织学生去乘坐商场的观光电梯，探究电梯上升时自己对速度的感受，再试试下降时自己的感受。由这个感受拓展开来，教师就可以跟学生讲讲失重与超重。这样不仅可以提高学生学习兴趣，而且可以锻炼学生在生活中发现物理现象的能力。

3. 研究课程针对性

在研究物理课程资源的开发利用时，教师一定要注意课程的针对性。首先，课程资源要符合物理课的需求。在进行物理课程的研究时，教师要以教学大纲为主旨，开发出适合学生的课程资源。其次，课程资源的研发要有趣味性。这样才能提高学生的学习兴趣。最后，课程资源的开发要符合学生的年龄段。例如，在讲解平抛试验时，教师就可以就美国向日本广岛投掷的原子弹"小男孩"为例进行讲解，不仅传授了物理知识，而且让学生了解了二战历史。

（五）物理课程资源开发与利用的原则

1. 目标性原则

在进行物理课程资源的选择时，教师要顺应教学目标，从教学目标出发。这样才能让学生通过课程资源学习到要学的内容。

2. 经济性原则

教师要选择简单高效的教材研发课程资源，不应选择过于复杂昂贵的材料。这样做不仅有助于课程资源持续性地研发，而且有助于学生理解。

3. 适用和谐原则

教师在探究课程资源时要遵循当地风俗，要让物理和课程资源相辅相成、和谐共处。

二、物理课程资源的分类

物理课程资源具有多样性和价值潜在性特点，这要求物理教师要独具慧眼，善于在多样化的良莠不齐的课程资源中挖掘有价值的有效的物理课程资源，在教学设计中加以利用。课程资源的科学分类对课程资源的开发具有重要的指导意义。物理课程资源的内容非常丰富，按不同的标准可将其分为不同的类别。

（一）物理素材性课程资源与条件性课程资源

物理素材性课程资源指作用于课程且能够成为课程的基本素材或来源，如物理教科书、教师和学生的教学参考用书、科技图书、录像带、视听光盘、计算机教学软件、报刊等属于素材性课程的资源。物理条件性课程资源多指直接决定物理课程实施范围和水平的人力、物力、时间、媒介、设施、环境，以及对课程认识状况、观念以及心理准备等。现实中许多课程资源既包含着课程的素材，又包含着课程的条件，如学校现有教学设施，包括图书馆、实验室以及互联网络、科技馆、展览馆和博物馆等等。

（二）物理校内课程资源和校外课程资源

校内课程资源包括：与物理学习和教学相关的校藏书刊、校内的各种场所设施、校内人文资源、校园校风、学风、各种教育活动、校办工厂、校园网、校内教师员工、学生等人员。校外课程资源包括学生家庭、社区乃至社会中各种可用于教育教学活动的设施和条件以及丰富的自然资源。其中，气象站、地震台、水文台、工厂、农村、部队以及科研院所等都是宝贵的物理课程资源。学生家长与学生家庭的图书、报刊、电脑、学习工具等也是不可忽视的课程资源。也有学者在空间分布维度上细化，将物理课程资源分为课堂内的物理课程资源、校外的物理课程资源以及介于两者之间的物理课程资源。课堂内的物理课程资源是教师有意构建的有利于物理课堂教学的课程资源，校外的物理课程资源则是校外的各种社会机构提供的有助于学生物理学习的课程资源，而介于两者之间的物理课程资源则指物理教师没有意识到它的作用，但对学生的物理学习提供较大帮助的课程资源，这部分物理课程资源与校外物理课程资源的最大区别在于学生每天都能感受到，它能帮助学生理解和应用所学的物理知识。

（三）物理自然课程资源和社会课程资源

物理自然课程资源指可以作为物理课程资源开发和利用的自然资源。如太阳光、水（如树枝上的水珠可用于全反射教学）等自然景观和现象都可以成为物理课程资源。社会课程资源包括生活实践、家庭教育、社区设施、人文环境等，主要来源于报刊、电视、科技馆、公共图书馆以及工厂、农村、科研单位、大专院校等。

物理显性课程资源是指看得见、摸得着，能为教师和学生所感知，学生和教师自己很容易开发或者别人已经开发好可以直接运用于教育教学活动的物理课程资源，如教科书、学校实验室的各种实验仪器、教师的教学活动和学生的学习活动等。物理隐性课程资源一般是指以潜在的方式对物理教育教学活动施加影响的课程资源，例如学校和社会风气、家庭气氛、师生关系等。物理隐性课程资源要经过教师和学生的深入思考和分析才能充分挖掘出来，它的有效开发与利用取决于教师的综合素质水平和学生的思维水平。

第二节 物理课程资源在教学设计中的作用

一、物理课程资源的开发和利用

(一) 课程资源的筛选

从课程理论的角度讲，至少要经过三个方面的过滤筛选才能确定课程资源的开发价值。第一个是教育哲学，即课程资源是否有利于实现教育的理想和办学的宗旨，是否反映社会的发展需要和进步方向。第二个是学习理论，即课程资源是否与学生学习的内部条件相一致，是否符合学生身心发展的特点，是否满足学生的兴趣爱好和发展需求。第三个是教学理论，即课程资源是否能与教师教育教学修养的现实水平相适应。

(二) 开发利用物理课程资源应遵循的原则

1. 开发物理课程资源应遵循的原则

（1）以人为本的原则

所有资源的开发应把人力资源的开发放在首位，充分调动广大物理教师、学生及其他相关工作人员的主动性和积极性，充分挖掘人力资源的潜力，并且在开发中要始终以满足学生的发展需要为中心。

（2）可行性的原则

开发前一定要对自己及其合作者的开发能力有一个比较准确的定位，量力而行、因地制宜，以免半途而废。此外还要考虑到开发出来的课程资源对学生教育的可行性，以免造成资源开发上的浪费。

（3）效益性原则

对资源可能产生的效果和所需付出的开发代价进行科学论证，坚决避开那些代价高而作用小的资源开发，要把主要精力放在"经济实用"的物理课程资源开发上。

（4）实验资源优先开发的原则

物理学是一门以实验为基础的学科，物理理论的得出是建立在大量实验事实的基础上，物理理论的正确性最后还得靠实验的检验，因而物理实验资源对物理理论的教学起着至关重要的作用。另一方面，从学生的认知特点来看，直观性极强的物理实验对学生学习兴趣的激发很有效，学生通过实验现象所获得的感性认识将对物理学习产生良好的导向与激励作用。

2. 利用物理课程资源的原则

（1）科学性原则

科学性原则包括使用科学的物理课程资源和科学地使用好物理课程资源。首先所使用的物理课程资源本身必须符合自然界发展的客观规律，是建立在科学事实基础上的资源。其次，物理教师还要以学生的发展为中心来组织各种资源促进学生学习物理课程，利用的资源必须落在学生认知发展水平的"最近发展区"内，过于简单或过于深奥的资源都不利于物理课程的学习。

（2）教育性原则

不同的资源会体现出不同的教育价值，同一种课程资源在不同的物理内容或教育对象面前也会体现出不同的教育价值。因此，利用物理课程资源既要抓住有利时机，又必须能最大限度地体现物理课程资源的教育价值。

（3）实效性原则

坚持实效性原则必须关注每一种物理课程资源的实际使用效果，要结合当地的地域特色、文化背景及学生的个性特点，选择那些能给学生带来最大效果的资源帮助学生学习物理课程，这样才能做到因材施教，确保高效而有意义的学习。

（4）针对性原则

一般说来不同物理课程资源对于特定的物理课程目标具有不同的作用和功能，因此不同的物理课程目标就需要利用不同的物理课程资源。但是，由于物理课程资源本身的多质性，同一物理课程资源又可以服务于不同的课程目标。因此坚持针对性原则，物理课程资源的开发与利用就必须在明确物理课程目标的前提下，认真分析与物理课程目标相关的各类物理课程资源，认识和掌握其各自的性质和特点，这样才能保证物理课程资源利用的针对性及其有效性。

（5）简约性原则

物理课程资源利用的简约性原则是指在利用物理课程资源过程中不要进行资源的简单堆砌，而是要精选精用，力争用最简单的课程资源来揭示尽可能多的复杂而深奥的物理本质，使学生的物理学习过程变得简单而有效。加通电直导线在磁场中运动的专题教学中，学生普遍对导线、磁场方向及斜面的空间位置关系模糊不清，从而导致无法准确地描述出导线所受力的方向和导线的运动规律。对此，可以让学生用书本代替斜面（即在桌面上把书本的一角垫高即可），用红色的笔代替导线（笔尖的方向代替电流的方向），用黑色的笔代替磁场的方向，让笔尖的方向与磁场的方向一致，然后按问题的要求把问题所描述的空间模型搭建起来，学生在此基础上分析出重力、支持力、摩擦力和安培力的方向，最后对照实际搭建的空间模型按不同的视角做出力在空间的截面图，借助力学、运动学及牛顿运动定律的有关知识进行分析，就能使一类复杂问题迎刃而解。

二、课程资源在物理教学设计中的作用

（一）课程资源是物理教学设计的基础

物理教学设计是由教师在课前根据教学内容、学生特点、教学环境等多方面因素，通过创造性劳动完成的。但是，教师在进行教学设计时不能凭空想象，必须考虑到现有的课程资源。由于课程资源是物理教学设计的基础，如果现实中不具备教学设计中必备的课程资源，再好的想法都难以付诸于教学实践。课程资源是教学设计的基础，它制约着教师的教学设计，没有相应的课程资源教学设计就无从谈起。

（二）开发课程资源是保证教学设计付诸实施的关键

课程资源严重制约着教师的教学设计，没有相应的课程资源，教师就不能将自己原有的教学设计和想法付诸实施，只能根据现有的校内外课程资源，改变原本的教学设计。但在一定条件下，如果教师充分发挥自己的聪明才智，积极主动、创造性地利用和开发课程资源，那么教师在课堂上顺利实施原本的教学设计也是未尝不可的。充分发挥教师的主观能动性，积极开发课程资源，是教学设计在课堂上顺利实施的重要保障。

（三）灵活恰当利用课程资源会使教学设计更具生成性

课堂教学是师生、生生之间交往互动，共同发展的过程，该过程中不断生成着各种各样的课程资源。由于教学的不确定性与生成性，许多新生成的课程资源也都在教师的预料之外。面对这种状况，如果教师能够充分发挥其聪明才智，捕捉临时生成的课程资源中有利于教学的氛围、环境、信息和机会等方面的资源，恰当地加以利用，突破原教学设计的束缚，根据实际情景，形成新的教学设计，不仅会使教学设计更具生成性，而且会使得课堂更加鲜活，课堂教学的有效性也会得到提高。

（四）开发课程资源有利于教学设计体现物理新课程理念

利用和开发各种课程资源是物理新课程的内在要求和重要举措。物理课程资源的合理

利用和开发有助于教师在教学设计中更加关注学生的发展，体现学生的主体性；有助于教师在教学设计中加强课程内容与学生生活和现代科技发展的联系，体现时代性；有助于教师拓宽教学思路，实现教学方式多样化，也就是说，对物理课程资源的利用和开发有利于教师进行教学设计时，体现物理新课程的理念和趋势。具体而言，主要表现在以下几个方面：

第一，开发利用学生资源（指与学生自身情况有关的资源，如学生在学习中的问题、困惑）有利于教师在教学设计中更加关注学生的发展，充分体现学生在教学中的主体地位。

学生是教育的主要对象，学生的知识、经验、感受、创意、问题、困惑、情感态度与价值观等是教学活动的基因，任何教学活动都离不开学生这一重要的课程资源。通过对学生课程资源的开发，教师不但可以把握学生的学习状态，及时发现学生所学知识的不足，还可以在开发学生资源的过程中发现学生的学习方法和策略，形成以学生的学习状态为基础的教学设计，并利用学生的反应对自己的教学方法、教学策略以及教学理念进行检验，体现学生的学习主体地位。

第二，开发利用生活中的课程资源，有助于教师在教学设计中加强物理与生活的联系，体现了"从生活走向物理，从物理走向社会"的理念。

物理学研究的是自然界最基本的运动规律，生活中的物理现象妙趣横生，自然界中的物理现象也蕴藏着无穷的奥妙，如果能够加以开发利用，并在教学设计中体现，就能够使学生体会到物理就在身边，激发学生对物理学习的兴趣，养成留心生活的良好习惯，培养他们的科学素养，实现"从生活走向物理，从物理走向社会"。

第三，开发利用视频、科普读物等课程资源，有助于教师在教学设计过程中体现"关注学科渗透，关心科技发展"的课程理念。

"关注学科渗透、关心科技发展"是物理新课程理念的重要方面。现代的教学媒体、网络、科普读物等为教师提供了大量的科技信息材料，如果教师能够提取其中有意义的部分，并在教学设计中善加利用，不仅可以丰富课堂活动，而且能够拓宽学生的知识面，让学生在基础知识的学习中关注到科技的发展，增强其科学素养。

第四，开发设计物理实验，给教师的教学设计提供了多种可能性，有助于教师实现教学方式多样化。

任何的教学活动都需要一定的课程资源支持。课程资源的短缺限制了教师教学形式的选择。利用生活中的材料，开发设计新型物理实验，能够丰富教学素材，为教师的教学设计提供多种可能性，帮助教师实现教学方式的多样化。

新的实验不仅让学生从直观上感受到了摩擦力的大小，激起了学生的兴趣，也使得教师摆脱了实验器材不足的窘境，使得原有的课堂从只能传统讲授变为课题研究活动的开展，丰富了教学形式，实现了教学形式多样化。

三、教学资源开发的途径

物理教学资源的开发，一方面需要政府的投入、社会各界的支持以及学校的科学管理，另一方面需要广大物理教师创造性的劳动，开发出身边潜在的物理教学资源。

(一) 直接从教科书中开发物理教学资源

1. 调整呈现教学内容的顺序

教科书是既定的，是通用性的，而教学则是特色化、校本化和个性化的。所以在教学实践中，教师可以在认真钻研教科书的基础上，根据自己的教学经验，结合学生的实际情况，对教科书上的有关章节教学进行调整或重组，对教科书进行再创造，使教学更和谐有序，从而达到优化课堂教学的目的。这也是教学资源的开发。

教学实践证明，经过学生自己思考发现的规律、公式，无论从思想情感上还是在学习兴趣上，都比教科书上或者教师直接给出公式然后证明，印象要深，效果要好。

2. 重视教科书中的小实验

教科书中的一些小实验，一方面是为配合加深对基本概念的理解或对物理规律的把握而设置的，另一方面是介绍一些物理方法，可以把这些资源开发出来为我们所用。

(二) 从平时的公开课中开发物理教学资源

在公开课中，讲课的教师一般都会在课前做充分的准备，所以对教科书的钻研比较深，对教学的理解比较到位，这无疑促进了教师的发展和提高。

听课的教师可以通过学习、交流，达到共同提高的目的。开展公开课，无论是对听课的教师还是讲课的教师，都是有收获的。通过对具体课例分析、讨论和交流，发现长处，看到不足，各自取其长去其短，相信对教学有很大的帮助。如果把本地区或本学校所有教师在公开课中的教学设计和评课记录收集在一起，汇编成册，形成教案集或课例研讨集，这样几年下来，几乎所有的教学内容、教学模式和课型特征都可能有相应的课例，可供我们学习、参考和借鉴，这是一份非常有价值的教学资源。

（三）从学生身边开发物理教学资源

1. 利用日常用品进行实验

学生身边的物品和器具是重要的物理实验教学资源，在教学中可以充分地开发和利用。

例如，在学习弹簧伸长与弹力关系后，可以利用破码设计一个测量圆珠笔中弹簧的劲度系数的实验。

在学习机械能守恒定律后，如果已知圆珠笔的质量，利用刻度尺，手握珠笔杆，使笔尖向上，笔帽抵在桌面上，压下后突然放手，笔杆将向上跳起一定的高度，由此估测圆珠笔在弹簧压缩时所具有的弹性势能。

利用文具盒、橡皮擦、刻度尺，将橡皮擦放在文具盒做成的斜面上，用手轻轻推一下橡皮擦使其匀速下滑，量出文具盒抬高端到水平面的距离 h 和水平距离 a，则可粗略测出橡皮擦与文具盒间的功摩擦因数为 $\dfrac{h}{a}$。

利用学生直尺和两支铅笔，设计探究小实验。将铅笔在水平桌面上平行地分开约 20cm 把学生直尺放在铅笔上，再将两支铅笔同时向直尺的中间靠拢，猜想铅笔移到什么位置时，学生直尺会失去平衡而落到桌面上。将两支铅笔在水平桌面上平行地分开约 2cm 把学生直尺放在铅笔上，再将两支铅笔同时向直尺的两端移动，猜想又会有什么发现。

在学习"自由落体运动"内容时，可以利用刻度尺来测量人的反应时间。实验时要两位同学一起配合来进行，一位同学用两个手指捏住刻度尺的一端，另一位同学用手在刻度尺的下端做好握住刻度尺的准备，但手的任何部位都不要碰到刻度尺。当看到那位同学放开手时，另一位同学随即用手握住刻度尺，测出刻度尺降落的高度，根据自由落体运动的知识，就可以算出反应时间。由此设计一把测量反应时间的尺，并与几位同学一起进行以下调查：同一个人在不同的时间（如早上、中午、下午、晚上）的反应时间，不同的人（如不同性别、不同年龄阶段的人）在同一时间的反应时间。

向下垂两张纸的中间吹气时，两张纸会相互靠拢，在一张纸的上面温和地吹气时，该纸会上升。可以用这两个小实验来说明，气体的流速越大的位置，压越小。

2. 从学生生活中开发物理教学资源

物理学是一门密切联系生活的自然科学物理知识，现实生活中蕴藏着无数取之不竭的范例。

例如，在学习弹簧伸长与弹力关系后，让学生到肉菜市场、中药店、商场、酒店和工厂等地方，调查这些地方都使用哪种秤，进而要求学生写一篇有关秤的历史的调查报告。

在学习"超重和失重"的内容时，可让学生带着弹簧测力计或公平秤到酒店或商场里的升降机里，做超重和失重的实验，体会超重和失重现象。

在学习"运动的合成"的内容时，可让学生到商场或酒店里的电梯上，沿着电梯运动方向跑动或逆着电梯运动方向跑动，体会速度的合成。

学生骑自行车上学，这里面包含了丰富的物理知识，如杠杆、轮轴、摩擦、圆周运动、骑车前行时车速与空气阻力的关系、上坡时为什么要用力蹬脚踏板、上坡时为什么弯弯曲曲地上行比直上要省力些等。

3. 从学生的体育活动中开发物理教学资源

体育运动与物理知识密切相关，可以说，每项体育运动都包含着一系列的力学综合知识，我们可以从中开发出很多有用的物理教学资源。

(四) 挖掘物理仪器的潜在功能

很多物理仪器的功能都不是单一的，在教学中，我们要善于发现它们的潜在功能并将其开发出来，为物理教学服务。例如，电流表在已知内阻的情况下，不仅可以测电流，还可以测电压；电压表在已知内阻的情况下，不仅可以测电压，还可以测电流；滑动变阻器连成分压电路时，可以增大电压的调节范围；投影仪不仅可以放投影胶片，还可以通过它的放大作用，在其玻璃表面上做一些演示实验，如水波的干涉、衍射、探究曲线运动的条件；一支试管不仅可以用来装液体，还可以将空试管插入水中观察光的全反射现象；平抛演示仪不仅可以用来研究平抛运动，还可以测出小球沿轨道运动时摩擦力对小球所做的功。

(五) 充分利用信息技术，开发物理教学资源

在物理教学中鼓励将信息技术渗透其中，将电子计算机等多媒体技术应用在物理实验中。信息技术的介入，无疑将改变传统物理课堂教学基本靠教师口授、板书、演示的局面，能为全体学生的充分感知创造条件，也可以重新组织情景、突出事物的本质特征，促进学生对重点和难点知识的理解，充分利用信息技术，还可以开发出非常丰富的物理教学资源。

例如，利用几何画板制作简易动画，展示物理过程，如电容器的充、放电过程，电源内部电子和离子的移动等。利用 Flash 制作动画，可以向学生展示较复杂的物理情境，如在进行力的替代与等效时，用 Flash 制作一个曹冲称象的动画，可以让学生看到等效替代

的一些基本特征，也可以进行仿真实验，如带电粒子在磁场中的运动、弹簧振子的实验，还可以展示微观结构，如布朗运动、光电效应、α粒子散射。利用 Excel 有效的数据功能，可以简捷、方便地对收集的实验数据进行处理，可以丰富物理规律的表达方式，加深对物理规律的认识，进而探究物理规律。利用网络收集相关资料，为教师的备课提供服务，因为备课的目的在于教学，如在"万有引力定律"这部分教学内容时，我们需要物理学史、天文知识、物理观念和方法、现代科技等方面的知识。

（六）利用各种报纸杂志，开发物理教学资源

各种与物理教学有关的报纸杂志，刊登的是全国各地物理教师在教学实践总结出来的优秀文章，涉及教学论坛、教学研究、教学方法、教学随笔、教材讨论、物理与生活、物理与社会、物理学史与物理学家、实验研究、教改动态等，这些文章既有理论又有实践，反映教学现状，紧跟时代脉搏。教学论坛、研究之类的栏目，主要介绍了相关的教学理论和思想，可以为我们提高自身的素养开发相应的资源；教学随笔、教材讨论、教改动态等栏目，主要刊登的是教学实践的内容，从中我们可以提高对教学的认识，更进一步了解教材，为灵活选择教学策略提供帮助；物理与生活、社会等栏目，主要介绍了"从生活走向物理，从物理走向社会"的具体实例，这其中的很多内容可直接为我们的物理教学所用。

总之，通过各种报纸杂志，可以实现资源共享，充分利用各种报纸杂志，可以开发出非常多的物理教学资源。

四、教学资源的利用

我们主要通过利用一些简易器材来辅助相关的教学内容，看一看，在物理教学中如何利用物理教学资源。

（一）火柴棒的利用

1. 认识和理解电场线

电场线不是电场里实际存在的线，而是人们为了使电场形象化而假想的线。为了加深对电场线的认识和理解，在学习电场线时，让学生用火柴棒在橡皮泥上插出正点电荷的电场线分布情况，然后让学生观察哪些地方疏、哪些地方密。这样可以让学生对电场线的分布从平面的认识过渡到立体的认识，还可以帮助学生理解为什么可以用电场线的疏密程度描述电场的强弱。

2. 了解链式反应

在学习原子物理这部分内容时，学生一般都觉得很枯燥无味。为激发学生的学习兴趣，保持学生的学习热情，在学习链式反应时，可以让学生用火柴棒摆出链式反应的模型。这虽是一个小活动，但学生很乐意去做，而且还会主动阅读教科书，了解链式反应是怎么回事。

3. 用安培的分子电流假说解释磁现象

安培的分子电流假说能够解释种种磁现象。为了使解释更加形象化，可以随意撒一把火柴棒，这时火柴棒的头部与火柴棒的尾部的朝向杂乱无章，用以说明分子电流方向的无序性而无法对外显示磁性。如果把火柴棒的头部整理成朝同一个方向摆放，然后用橡皮筋把它们捆住，这时可以看到这束火柴棒一头大一头小，用以说明各分子电流的取向变得大致相同，对外显示磁性。橡皮筋的作用相当于外界磁场的作用，当解开橡皮筋并轻轻敲击放置火柴棒的桌面时，火柴棒又会变得杂乱无章。教学时，如果把火柴棒放在投影仪上进行，其效果更为理想，现象更形象、生动。

4. 观察物体内能变化实验

在学习物体内能的变化时，教科书中介绍了压缩气体做功，气体内能增加，并用实验进行演示，把浸有乙醚的小棉花放在厚玻璃筒内。教学实践表明，放浸有乙醚的小棉花实验效果不一定理想，如果放一到两根火柴棒，效果则会非常明显。

5. 探究抗拉强度与物体长度的关系

利用火柴棒、曲别针、金属圈设计探究实验。物体在无支撑时其断裂之前所能承受的最大拉力或压力叫作抗拉强度。抗拉强度与物体的长度有关。把翻开的两本书立在桌子上，两书相距一定的距离，把火柴棒架在两书之间。把两个曲别针展开，使其成"S"形，每个曲别针的两端都像个小钩。把一个曲别针挂在火柴的中间，在另一个曲别针的小钩上挂一个金属圈，并不断增加其数量，直到火柴棒折断为止。记下这时火柴棒上挂了多少个金属圈。改变两本书之间的距离，重复上面的实验，比较每次所挂的金属圈个数，就可以知道火柴棒的抗拉强度与其长度的关系。

（二）橡皮筋的利用

橡皮筋可用来做很多的物理实验，如研究弹性形变、探究橡皮筋的伸长与弹力的关系、力的合成、显示力的作用效果等。

1. 观察失重现象

这一教学要求通过实验认识失重现象，为此，可以用一条橡皮筋、一个纸杯和两个螺母，设计一个观察实验来加深对失重的理解，实验步骤为：①把两个金属螺母拴在橡皮筋的两端。②把橡皮筋的中点用一短线固定在杯的底部正中，并把两个螺母跨过杯口挂在杯的外侧。③让空杯从约2m高处自由落下。学生可以看到，两个螺母掉进杯内去了。分析橡皮筋的作用特点，让学生由此认识到失重现象。

2. 探究抛射距离与什么因素有关

当把一个物体斜向上抛出时（如推铅球），我们知道它不会一直沿这个方向运动，而是缓慢地向地面弯曲下落，最后落到地面上的水平距离被称为抛射距离。

我们知道，不同的人在抛射同一物体时，有的抛得远些，有的抛得近些，一个人在抛射同一物体时，有时抛得远些，有时抛得近些。是什么因素决定了抛射距离呢？

在日常生活和生产实践中，炮手为了让大炮击中目标，就必须知道大炮上仰的角度；跳远运动员为了跳得远一些，往往通过助跑来提高起跳速度；消防员在用高压水枪向火灾现场喷水时，会通过调节水压和水枪的倾斜角度使水能落在火苗上。

由此可以猜想，抛射速度和抛射角（抛出物体时的速度方向与水平面的夹角）是两个可能的影响因素。我们可以通过实验从这两个方面进行相关的探究。

（1）探究抛射角与抛射距离的关系

实验器材：自制的大量角器，橡皮筋，小三角旗，卷尺。

把一根橡皮筋的一端挂在量角器底边中点处的固定小柱上，另一端钩在量角器圆弧边的插销上，使橡皮筋有一定程度的拉伸并与水平面成一定角度。慢慢把插销拉掉，使橡皮筋弹出去，在地面上用三角小旗数据记录下来。

保持橡皮筋的拉伸长度不变，改变抛射角度，重复上面的实验。

（2）探究抛射速度与抛射距离的关系

本实验通过调整橡皮筋的拉伸长度来调节抛射速度，拉伸得越长，发射速度越大。任选一抛射角度，调整拉伸长度进行实验，并将实验数据记录下来。

交流与讨论：将小组得到的结论与其他小组进行交流，看看有没有相似的结果。

3. 探究弹性的特点

弹性是指材料在受到拉伸或挤压后能恢复其原有形状的能力。那么，弹性与什么因素有关呢？我们可以通过取两根相同的橡皮筋进行比较实验来研究。将一根橡皮筋处于自然状态下放在室内，另一根挂上重物，使其处于拉长状态下，并放在室外晒。经过一段时间后（如两三天），比较它们恢复原有形状能力的强弱。

（三）透镜成像作图法的实验探究

透镜成像作图法是解决透镜成像问题的主要方法之一。关于像的确定和三条特殊光线的应用是教学的重点和难点，也是掌握好作图法的关键。那么，如何帮助学生理解像的生成，掌握"物""像"对应，领悟三条特殊光线及其价值呢？

在教学中可以发挥激光演示仪的多用功能来处理这个问题。以凸透镜为例，在激光光学演示仪的演示屏上，贴上课前准备好的白纸和复写纸（三张复写纸、四张白纸从里往外依次为白纸、复写纸），在刻度盘中心处放上一凸透镜。改变分束器分光镜的角度，从而改变入射光线，且每改变一次均用铅笔记下入射光线和出射光线及其走向。然后将四张留有光线走向痕迹的白纸，分别发给四个小组的学生进行分析、讨论，从而得出不同角度的入射光线经透镜折射后均会交于一点的结论。

这样就可以帮助学生掌握像的确定方法，并理解三条特殊光线包含在无数条光线之中。

五、教学设计的概述与依据

教学设计和实施是教师教学工作的两个最重要的环节。

（一）教学设计概述

教学是教师引领、维持学生学习的行为方式，旨在建立起促进学生学习的环境。教学活动是一种有目的有计划的特殊认识活动，为达到教学活动的预期目的，减少教学中的盲目性和随意性，就必须对教学过程进行科学的设计。

所谓物理教学设计，是教师在一定的教学理念指导下，以物理教学理论为基础，运用系统的方法，为达成一定的教学目标，事先对教学活动进行的规划、安排与决策的过程。

该定义表明：①物理教学设计是在一定的教学理念指导下进行的。新课程下的物理教学设计必须体现新课程的理念。②物理教学设计必须有确定的教学内容和明确的教学目标。③教学设计是将教学诸要素有目的有计划有序地安排，以达到最优结合。④教学设计仅是对教学系统的分析与决策，是一个制定教学计划的过程，而非教学实施，但它是教学实施必不可少的依据。由此可以看出，教学设计的过程实际上就是为教学活动制定蓝图的过程。通过教学设计，教师可以对教学活动的基本过程有一个整体的把握，可以根据教学情境的需要和学生的特点确定合理的教学目标，选择适当的教学方法和教学策略，采用有效的教学手段，创设良好的教学环境，实施可行的评价方案，从而保证教学活动的顺利进行。从这个意义上说，教学设计是教学活动得以顺利进行的基本保证。好的教学设计可以为教学活动提供科学的行动纲领，使教师在教学工作中事半功倍，取得良好的教学效果。忽视教学设计，则不仅难以取得好的教学效果，而且容易使教学走弯路，影响教学任务的完成。

在具体的教学实践中，教师形成的教学设计方案虽各有不同，但教学设计在教学活动中体现出的以下一些基本特征却是共同的普遍的：

1. 指导性

教学设计是教师为组织和指导教学活动精心设计的施教蓝图，教师有关下一步教学活动的一切设想，如将要达到的目标、所要完成的任务、将采取的各种教学措施等均已反映在教学设计中。因此，教学设计方案一旦形成并付诸行动，就成为指导教师教学的基本依据，教学活动的每个步骤、每个环节都将受到教学设计方案的约束和控制。正因为如此，教师在课前进行教学设计时，一定要认真思考、全面规划，提高设计方案的科学性和可行性。只有这样，才能在课堂教学中更好地发挥教学设计的指导功能，使教学取得良好的效果。

2. 统整性

教学是由多种教学要素组成的一个复杂系统，教学设计则是对这诸多要素的系统安排与组合。建立在经验基础上的教学设计往往只注重教学的某个部分，如教学内容或教学方法，因此具有很大的局限性。从系统科学方法出发，就是要求对由诸多要素构成的教学活动进行综合的整体的规划与安排。无论教学设计指向什么样的教学目标，它都必须全面周密地考虑，分析每一个教学要素，使所有的教学要素在达成一致的教学目标的过程中实现有机的配合，成为一个完整的统一体。教学设计着重创设的是学与教的系统，这一系统包括了促进学生学习的方法、条件、情景、资源等。教学系统的根本目的是帮助学生达到预期的学习目标。

3. 操作性

教学设计为教学理论与教学实践的有效结合提供了现实的结合点，它既有一定的理论色彩，但同时又明确指向教学实践。在成型的教学设计方案中，各类教学目标被分解成了具体的操作性的目标，教学设计者对教学内容的选择、教学方法的运用、教学时间的分配、教学环境的调适、教学评价手段的实施都作了具体明确的规定和安排。这一系列的安排都带有极强的可操作性，抽象的理论在这里已变成了具体的操作规范，成为教师组织教学的可行依据。教学设计是直接面对教学，立足于解决问题的理论和技术，因而教学设计的过程是具体的，其方案是处方性的。

4. 突显性

教师在设计教学方案时，可以有目的有重点地突出某一种或某几种教学要素，以达到特定的教学目标。如教师可以在教学方案中突出某一教学方法的运用、某一部分教学内容的讲述、一种新教学环境的设计，从而使教学活动重点突出、特色鲜明，并富有层次感。

5. 易控性

教学设计要确定明确的教学目标。教学目标是教学的出发点和归宿，是教学的灵魂。教学目标对教学活动的诸要素具有较强的控制作用，它既控制着教学活动的方向，也控制着教学活动的大致进程、内容、程序和活动中主客体之间的动态关系。因此，重视教学目标的设计，是强化教学设计控制功能的一个重要方面。

6. 创造性

教学既是一门科学，也是一门艺术。创造性是教学设计的一个基本特点，同时也是它的最高表现。教学设计是一项极富创造性的工作，教学设计的过程，实际上也就是教师在深入钻研课程标准和教材的基础上，根据不同的教学目标、不同学生的特点，创造性地思考，创造性地设计教学实施方案的过程。教学设计虽然使得教学程序化、合理化和精确化，但它并不束缚教学实践的自由，更不会扼杀教师的创造性。为了适应教学活动丰富多彩、灵活多变的固有特点，适应学生学习的多种需求，教学设计十分强调针对具体情况灵活设计。另外，由于教学设计与教师个人的教学经验、风格、智慧紧密结合在一起，每个教师设计的教学方案都会不同程度地带有个人风格与色彩，因而它为教师个人创造才能的发挥提供了广阔天地。

（二）物理教学设计的依据

教学设计是一项复杂的工作，成功的教学设计必须综合考虑多方面的因素。一般来说，教学设计的依据主要有以下几方面：

1. 现代教学理论

理论的指导是教学设计由经验层次上升到理性科学层次的一个基本前提。科学的理论是对教学规律的客观总结和反映，依据科学的教学理论和学习原理设计教学活动，实际上就是要求教学设计的方案和措施要符合教学规律。在教学实践中我们不难发现，有些教师，特别是从事教学工作时间不久的教师，由于不懂得如何在教学理论的指导下对教学作出详细规划，因而轻视系统的理论指导，教学时局限于经验化处理，教学也不会达到理想的效果。因此，教师只有自觉运用科学的理论指导教学设计，才有可能使教学摆脱狭隘的经验主义，才有条件谈论追求教学效果的最优化问题。

2. 系统科学的原理与方法

系统科学的基本方法原理要求研究者在研究事物的过程中，把研究对象放在系统的形式中，从系统论的观点出发，从系统和要素、要素和要素之间的相互联系和相互作用的关系中综合地精确地考察对象，从而取得解决问题的最佳效果。教学系统是一个由多种教学要素构成的复杂系统，各教学要素间存在着密切的联系和多种作用方式。运用系统方法分析教学系统中各因素的地位和作用，使各因素得到最紧密的最佳的组合，从而优化教学效果，是教学设计的一个基本特征，同时也是教学设计成功与否的关键所在。因此，在实际的教学设计过程中，教学设计者应自觉遵循系统科学的基本原理，以系统方法指导自己的设计工作，在此基础上不断提高教学设计的水平。

3. 教学的实际需要

从根本上讲，教学设计的全部意义就在于满足教学活动的实际需要，在于为实现这种需要提供最优的行动方案。因此，教学设计最基本的依据就是教学活动的实际需要，离开了教学的现实需要，也就谈不上进行教学设计。在具体的教学过程中，教学活动的实际需要集中体现在教学的任务和目标中。要对教学任务和目标进行认真的分析、分解，使之成为可操作的具体要求，在此基础上，综合考虑各种教学因素，选择设计必要的教学措施和评价手段，使教学设计方案在立足教学现实需要的基础上发挥应有的作用。

4. 学生的特点

教学设计的基本特征之一是它既关心"教"，又关心"学"。教学是教师和学生双方共同活动的过程，在这个过程中存在着教师的"教"，也存在着学生的"学"。教是为了学，学是教的依据和出发点，教师的"教"必须通过学生的积极主动的"学"才能起到有效作用。因此，在教学设计的过程中，教师除了从"教"的角度考虑问题外，还必须把学生认知发展的特点和规律作为教学设计的一个重要依据加以认真对待。也就是说，教师作为教学活动的设计者，在决定教什么和如何教时，应当全面考虑学生学习的需求、认识规律和学习兴趣，着眼于辅助、激发、促进学生的学习。这正如加涅（Robert Mills Gagne）所指出的，校舍、教学设备、教科书以及教师绝不是先决条件，唯一必须假定的事是有一个具备学习能力的学习者。这是我们考虑问题的出发点。

5. 教师的教学经验

从一定意义上说，教学设计的过程也是教师个体创造性劳动的过程，成功的教学设计方案中往往凝聚着教师个人的经验、智慧和风格。教师的教学经验、智慧和风格是形成教学个性及教学艺术性的重要基础，是促进课堂教学丰富多彩、生动活泼的基本条件。好的教学经验是教师在长期的教学实践中总结出的规律性东西，它们在教学中往往可以弥补教学理论的某些不足，帮助教师取得好的教学效果，因此，从这个意义上说，教师的教学经验也是教学设计的基本依据之一。在教学设计中，既不能完全依据经验行事，但也不能排斥教学经验的作用，只有将科学的理论和方法与好的教学经验结合起来，才能使教学设计既有共性，又有个性，并最终达到科学性和艺术性的有机统一。

六、教学设计过程

教学设计作为对教学活动系统规划和决策的过程，其适用范围是比较广泛的。它既可以是对课堂教学的设计，也可以是对课外活动的设计，既适用于整个教学体系的设计，也适用于一门课程、一个教学单元、一堂课的设计。但无论是在什么范围内设计，设计者遵循的基本设计原理和过程都是大体一致的。从系统论的观点出发，教学设计的过程通常包括以下几方面。

（一）教学内容、目标、学生情况分析

1. 教学内容分析

教师在进行教学设计时，第一步要明确教师教什么、学生学什么，也就是明确教学内容。对教学内容进行分析主要包括以下几个方面：

（1）背景分析

重点分析这部分知识发生、发展的过程，与其他知识之间的联系，以及它在社会生活、生产和科学技术中的应用。

（2）功能分析

主要分析这部分内容在整个物理教学中的地位与作用，以及对于培养和提高学生的科学素养所具有的功能和价值。

（3）结构分析

主要分析学科知识与技能结构、过程与方法结构、情感态度与价值观结构，以及它们之间的关系和特点，从而确定教学的重点。

（4）资源分析

主要对本节课可以利用的教学资源如实验条件、课件、习题等进行分析，以确定能否满足当前的教学需要。

2. 教学目标分析

在对教学内容分析的基础上，教师要对学生通过本节课的教学应达到的行为状态作出具体明确的说明，这就是教学目标分析。教学目标是期望学生在完成学习任务后达到的程度，是预期的教学成果，是组织、设计、实施和评价教学的基本出发点。教学目标可分为长期目标和近期目标。长期目标被称为教育目标，如培养学生学习科学的热情等，这些无法在具体教学中一次性实现，而是长期努力的方向。近期目标被称为教学目标，主要确定一节课教什么内容，通过哪些活动方式来学习。教学目标尽可能用可观察和可测量的行为变化作为教学结果的指标，并确定它们之间的层次关系。正如加涅所指出的，设计者开始任何教学，设计之前必须能回答的问题是"经过教学之后学习者将能做哪些他们以前不会做的事"，或者"教学之后学习者将会有何变化"。在教学设计中，确定知识与技能、过程与方法、情感态度与价值观三位一体的教学目标，且它们不是相互独立的，而是融合于同一个教学过程之中。

根据行为目标理论与技术，一个完整、具体、明确的教学目标一般应该包括四个要素，即行为主体、行为活动、行为条件和行为标准。

行为主体——即学习者。教学目标的设计，其行为目标描述的是学生的行为，而不是教师的行为。规范的行为目标开头应是"学生要……学生应该……"等。

行为活动——即用行为动词描述学生所形成的可观察、可测量的具体行为，如"写出、列出、认出、记住、辨别、比较、对照、绘制、解决"等。

行为条件——即影响学生产生学习结果的特定的限制或范围，如"根据实验……"等。对条件的表述有四种类型：一是允许或不允许使用手册与辅助手段；二是提供信息与提示；三是时间的限制；四是完成行为的情景。

行为标准——即学生对目标所达到的最低表现水准，用于测评学习表现或学习结果所达到的程度，如"至少写出三个事例""完全无误"等。

例如，对"力的图示"的认知教学目标可陈述如下：

目标1：能说出力的三个要素。

目标2：对提供的实例，能用力的三个要素来分析力的作用效果。

目标3：对提供的实例，能用力的图示法作出正确的图示。

3. 学习者分析

确定学生的起点状态，包括他们原有的知识水平、技能和学习动机、状态等。根据学生的原有基础，确定达到的教学目标的起点能力。学生的各种特点因时代、生活环境的改变而有所变化，在进行教学设计时，要对学生的兴趣、知识基础、认识特点和智力水平等背景材料进行综合分析，作为安排学生学习活动和选择教学策略的依据。

（二）教学策略设计

此阶段的设计必须建立在教学分析的基础之上，包括教学模式设计、教学方法设计和教学媒体设计。这一环节主要考虑用什么方式和方法给学生呈现教材，提供学习指导，用什么方法引起学生的反应并提供反馈。教学过程是教师为达到特定的教学目标，针对学生特点和教学媒体的条件等，所采取的教学策略和教学步骤。在教学过程中，我们应充分利用多种媒体，但教学媒体的选择不仅要依赖于每种媒体的特征和功能，也要有赖于教学系统中其他因素之间的关系，媒体选择的重要依据是教学内容及学生的认知特征。

（三）教学过程设计

教学过程设计是教学设计的重要环节，是教师教学理念和教学思想的具体体现。首先要将教学内容分解成若干个组成部分，并明确各组成部分的意义与作用，然后安排恰当的顺序进行组织。一个完整的教学过程包括导入、新课和结尾三个环节，必须指出的是，教学策略的设计与教学过程的设计往往是同时进行的不可分割的两个环节。

（四）教学方案的评价与反思

教学方案的形成并不是教学设计的结束。在教学设计的后期和实施后，都要对教学方案进行反思和评价，以便对设计方案进行修改，以使其不断完善。这一环节是针对教师教学认识能力的进一步提高而提出的，是教学设计中不可缺少的重要环节。一般而言，教师在对教学方案反思和评价时，要从以下几个问题入手：

第一，学生通过这一教学过程要获得哪些知识与技能，经历哪些过程和方法，在哪些地方受到情感态度和价值观的教育？

第二，在这些要求中，哪些是教学的重点和关键？

第三，这一教学过程应按怎样的教学顺序（或线索）进行？

第四，在这一教学过程中应采用哪些教学策略和教学方法？

第五，通过这一教学过程，你认为知识与技能、过程与方法、情感态度与价值观三维目标哪些已达到，哪些尚未达到？

第六，你是怎样知道学生已经学到这些内容和尚未学到哪些内容的？

其中的第一、二是确定教学目标的问题，第三是安排教学过程的问题，第四是选择恰当的教学策略和教学方法的问题，第五、六是考虑如何及时接收教学反馈信息的问题。

上述基本过程集中体现了教学设计的四个基本要素：

第一，教学所要达到的预期目标是什么？（教学目标）

第二，为达到预期目的，应选择怎样的知识经验？（教学内容）

第三，如何组织有效的教学？（教学策略、教学媒体）

第四，如何获取必要的反馈信息？（反思与评价）

这四个要素从根本上规定了教学设计的基本框架，无论在何种范围内进行教学设计，教学设计者都应当综合考虑这四个基本要素，否则，所形成的教学设计方案将是不全面、不完整的。完整的教学设计过程的其他环节都是在这四个基本要素的构架上建立起来的。

除此之外，对于物理课堂教学设计，还应注意以下几点：

第一，课堂教学设计要与本节课的教学目标和内容紧密结合，课堂教学活动是有计划有目的活动。因此，课堂教学活动的设计要紧紧地围绕本节课的教学目标和教学内容进行。

第二，课堂教学设计要具有趣味性和多样性，兴趣是教学的潜力所在，兴趣的培养与教师的积极引导和教学艺术是分不开的。教师应根据物理学科的痛点和学生年龄的特征，采用灵活多变的教学手段和教学方法，创设丰富多彩的物理情景，这有利于引起学生学习的动机，激发他们的学习兴趣，从而调动学生学习的积极性。这样，学生就能从被动接受转化为主动参与，从"要我学"转变到"我要学"。

第三，课堂教学设计要体现交流与合作的原则。课堂教学并非是"我教你学"，而是师生之间、学生之间的交流。课堂教学中师生双方的认知活动、情感活动是相互依存、相互作用的，教学双方都为对方提供信息，教学就是为了促进交流。鉴于此，教师在课堂教学设计时，要注意设置有意义的情景，安排各类课堂教学活动，引导学生运用所学的知识解决实际问题。

第四，课堂教学设计应充分考虑现代教学手段。现代教学手段如录音、录像、投影仪、幻灯、多媒体等，在物理教学中适时、恰当、有效地运用，对于促进教学内容的呈现方式、教师的教授方式和学生的学习方式的转变具有重要的作用。

第五，课堂教学设计要精心设疑提问。美国心理学家布鲁纳（Jerome Seymour Bruner）指出："教学过程是一种提出问题和解决问题的持续不断的活动。"思维永远是从问题开始的，所以，在课堂教学设计中要根据学生的认知水平，提出形式多样、富有启发性的问题。它是促进师生之间信息交流反馈，推动教学流程迅速向前拓展的重要契机。对于学生来说，它还具有多种教育心理功能，既能激发学生兴趣，集中学习注意力，又能诱发积极思考，培养思维能力和习惯，启迪聪明智慧，还能充分训练口头表达能力。作为教师，可以通过提问来检查和了解学生的理解程度，鼓励和引导学生深入思考问题，复习巩固并运用所学到的知识。

第五章 信息技术支持下的物理课堂教学

第一节 多媒体教室环境下的物理课堂教学

随着信息技术在教育领域的不断普及，很多学校都配备了多媒体教室，这给物理教学带来了很大的便利。这里主要从三个方面介绍多媒体教室环境下的物理教学：一是介绍多媒体教室环境，即了解多媒体教室的结构、掌握多媒体教室的功能；二是介绍多媒体教室环境下开展物理讲授式教学的模式和方法，即了解讲授式教学及其模式和流程、掌握多媒体教室环境支持的讲授或教学；三是介绍基于电子白板的交互式多媒体教室及其教学。为开展深层次的信息技术与物理课程结合提供理论指导。

一、多媒体教室的结构与功能

（一）多媒体教室

所谓多媒体教室一般是指配备了计算机多媒体设备的教室。按照配备时间的先后顺序，可以有两种情形：一种是在普通教室的基础上，增加计算机多媒体设备；另一种是在教室设计之初，就考虑支持计算机多媒体，这种多媒体教室各种设备的型号、大小以及位置摆放都进行过统筹安排，更加合理，便于使用。

1. 多媒体教室的系统构成

多媒体教室配备的设备主要有中央控制系统、多媒体计算机、视频展示台、投影、幕布、扩音、影音播放等设备。

多媒体教室的主要设备如下：

（1）中央控制系统

中央控制系统是一个集成系统，它可以将多媒体教室所有设备的使用集成到一个控制界面上。例如，投影机的开关，银幕的升降，灯光的控制，影碟机、录音机、录音卡座、视频展示台的控制等。现阶段中央控制系统管理下的多媒体教室设备大都采用"一键开/关"机来进行控制，操作十分方便。

（2）多媒体计算机

多媒体计算机是多媒体教室的核心设备，在系统中既是计算机教学媒体，又是网络连接设备，可能还是中央控制系统的操作平台，由于其多数时间处于多任务工作状态，所以尽量选配运行速度快、内存大、配有声卡、网卡、先驱纠错能力强，且工作稳定可靠的多媒体计算机。

（3）视频展示台

视频展示台又称实物展示台，是一种新型的视觉媒体设备。视频展示台的基本工作过程是利用一个摄像头将展示台上的景物转换成视频信号，再通过电视机或投影机播放，其工作原理和摄像机相同，是一种图像信息采集设备。利用视频展示台不但可以将文字、图片、实物等转换成视频信号，而且可以将透明投影胶片、幻灯片，甚至活动的图像转换成视频信号。

2. 其他类型的多媒体教室

根据教学媒体数量的多少、质量的高低、教学功能的差异等，除了标准型多媒体教室之外，还存在以下几种类型的多媒体教室。

（1）简易型

简易型多媒体教室的装配如下：多媒体计算机、视频展示台、录像机、影碟机、液晶投影机和银幕等构成。通过液晶投影机，将来自多媒体计算机的数字信息或视频展示台、录像机、影碟机等的电视信号投影到大屏幕上。

简易型多媒体教室中使用了液晶投影机，具有很好的清晰度。同时使用视频展示台，可将文稿、图片、投影片以及实物直接转换成视频信号进行处理，增加了整个系统的教学功能。但是在多媒体教室中各个设备都是相互独立的，因此在使用过程中会比较麻烦。

（2）多功能型

多功能型多媒体教室比标准型多媒体教室增加了摄录像装置和学习反应信息测试分析系统。

摄录像装置

在教室装配有 2~3 台带可移动云台的摄像机，用于摄录师生的教学活动过程。摄像机信号传送到中心控制室供记录贮存，或同时传至其他教学场所供教学观摩或扩大教学规模。

学习反应信息测试分析系统

该系统能让全体学生在座位上通过应答器对教师提出的问题作出选择性的回答，并通过计算机实时收集与分析学生的学习反应信息，使教师能及时全面地了解学生的整体和个别情况，实现教学的个性化。

（3）学科专业型

学科专业型多媒体教室是在简易或标准型配置的基础上增加一些某学科教学特殊需要的设备，如温度传感器、声传感器、位移传感器、光电传感器装置等，这样便成为物理学科专用的多媒体教室。

（二）多媒体教室的功能

多媒体教室一般具有以下基本教学功能：

第一，连接校园网和 Internet，使教师能够方便地使用网络资源，实现网络联机教学。

第二，连接闭路电视系统，充分发挥电视媒体在教学中的作用。

第三，演示各类多媒体教学课件，开展计算机辅助教学。

第四，播放录像、VCD、DVD 等视频教学节目。

第五，展示实物、模型、图片、文字等资料。

第六，能以高清晰、大屏幕投影仪显示计算机信息和各种视频信号。

第七，用高保真音响系统播放各种声音信号。

二、多媒体教室环境下教学方式

跟传统黑板粉笔教学条件不同，多媒体教室给教学带来了更多的可能性，使得原本不可能的教学环节成为可能，也使得多种不同的教学模式和策略成为可能。传统教室环境下的物理讲授教学难点问题，在多媒体教室环境下可在一定程度上得到了解决。在多媒体教室环境下，教师能够结合具体的教学目标、教学内容和教学对象，选择恰当的教学组织形式、教学模式及教学策略，设计教学过程和教学活动。

（一）认识讲授式教学

讲授法是教师主要用语言，辅以其他手段（利用实物、挂图、演示实验等），向学生讲授知识的一种教学方法。讲授式教学就是教师以讲授法为主要教学方法进行的教学活动，具体是指教师依据社会要求及学生身心发展特点，通过描绘、举例、阐释、说明、论证等方法，将知识、经验传授给学生的一种教学形式。教师讲的内容，不仅包括结论性的知识，也包括相应的思维方式；教师在讲授知识的同时，也要把自己的教学思路以及提出问题、分析问题和解决问题的过程呈现给学生。讲授式教学一般情况下采用班级授课这种教学组织形式。

1. 教学组织形式的概念

教学组织形式就是围绕既定教学内容，在一定时空环境中，师生相互作用的方式、结构与程序。在教学实践中，人们很难将教学组织形式同教学方法截然分开，教学组织形式同教学方法及整个教学活动模式的关系，决定了教学组织形式的合理与否，对教学活动的展开和效果具有意义。

2. 教学组织形式的作用

第一，采用合理的科学的教学组织形式有利于提高教学工作的效率。只有将不同的教学方法、手段运用于相应的教学组织形式中，才能充分发挥其作用。

第二，采用合理的教学组织形式，有利于使教学活动多样化，有利于满足不同学生的不同学习要求，从而实现教学的个别化。长期以来，人们对教学组织形式的探索以及种种形式的尝试，主要围绕着如何使教学活动适应每个学生的需要、兴趣、能力和发展潜力，即如何"因材施教"而展开的。

3. 教学组织形式的主要类型

我国当前教学组织形式主要有三种：班级授课、小组合作学习和个别化学习。班级授课也称为班级教学，是学校教学中应用最广泛、最基本的一种教学形式，按照年龄或程度把学生编成固定人数的班级，由教师按照课程计划（教学计划）统一规定的内容按课程表进行的教学组织形式。小组合作学习，不完全打破班级，教师以学生学习小组为重要的教学组织手段，通过指导小组成员展开合作，发挥群体的积极功能，提高个体的学习动力和能力，达到完成特定的教学任务的目的。个别化学习是为满足每个学生的需要、兴趣和能力而设计的一种教学组织形式，教师花一定时间以一对一的形式对个别学生进行指导、辅导。

这三种形式有其各自的优势与限制，可以根据具体的教学需要进行选择。

三种教学组织形式的优势与限制如下。

（1）班级授课

优势：班级授课扩大了单个教师的教育能量，有助于提高教学效率；以教师的系统讲授为主兼用其他方法，有利于发挥教师的主导作用；固定人数和统一时间，有利于学校合理安排教学计划并加强管理；学生可与教师、同学进行多项交流，增加信息来源和教育影响源；班内的群体活动和交往，有助于形成互助友爱、公平竞争的态度和集体主义精神等健康的个性品质。

限制：学生学习的主动性和独立性受到一定程度的限制，学生主要是接受性学习，不利于培养学生的探索精神、创造力和实际操作能力；时间、内容和进程都程序化、固定化、难以在教学活动中容纳更多的内容和方法；以"课"为教学活动单元，"课"又有时间限制，往往将某些完整的教材内容人为地隔开适应"课"的要求；全班学生教学步调统一，难以照顾个别差异，因材施教。

（2）小组合作学习

优势：有利于情感领域教学目标的实现，使学生形成合作精神和良好的人际关系；认知领域的某些高层次技能（如问题解决和决策）能受到应有的重视；有助于提高学生组织和表达自己见解的能力。

限制：教学效率一般比班级教学的效率低；组织工作和学生的学习准备至关重要，稍有疏忽就会影响学习效果；由于不同小组的任务、能力等的不一致，教学进度不易控制、管理比较困难；不像个别化学习完全能适合个别差异。

（3）个别化学习

优势：让每名学生都能最大限度地获得学习效益，能力的培养，可减少差等生的数量；有助于学生在教育活动、工作职责和个人行为方面形成良好的习惯；学习的时间和空间灵活性大，特别适应于成年、在职的学生学习。

限制：若长期作为唯一的教学形式，可能会减少师生之间和学生之间的互相作用、学生可能会感到单调无味；若学生缺乏应有的自学性，可能会拖延学业；通常需要教学小组协作督促，备课复杂，费用较高；不是对所有的学生和教师都适用的。

讲授式教学作为一个古老而传统的教学方法，从古至今一直是课堂教学中普遍采用的具有无可替代的优点。讲授式教学无论是空间布局、时间设定，还是组织形式，都凸显出教师的主导地位，有利于充分发挥教师自身的主导作用；教师借助于媒介将知识信息直接传递给学生，让学生进行接受性的学习，避免了学生认识过程中的许多不必要的曲折，能够使学生在短时间内获得大量系统的科学知识，有利于大幅度提高课堂教学的效果和效率；教师深入浅出的讲授，使抽象的知识变得浅显易懂，有利于帮助学生全面、深刻、准确地掌握教材，使学生得到远比教材多得多的东西。

但是，讲授式教学也存在着一些局限。比如容易使学生产生"假知"，从而导致知识与能力的脱节；容易使学生产生依赖和期待心理，从而抑制了学生学习的独立性、主动性和创造性等。

讲授式教学是其他教学方法的基础。从教的角度来看，任何方法都离不开教师的"讲"，其他各种方法在运用时都必须与讲授相结合，只有这样，其他各种方法才能充分发挥其价值。

（二）讲授教学的方式

一般来说，讲授教学有描述式、解释式、论证式、问答式等几种方式。

描述式讲授多用描写的表达方式，兼有叙事和抒情，强调被描述对象的形似与神似，它经常应用于人文学科的教学。

解释式讲授是就教学内容进行知识要点转述、意义交流、符号转译、程序说明、结构提示等，一般过程为：介绍知识点——予以客观说明（提示、诠释、确认）——归纳小结。它要求突出被解释对象的重点、难点。

论证式讲授是对基本概念、基本原理与基本方法等进行定义解说、举例分析、原理推导、观点归纳等，是讲授教学的高级类型。它强调原理的推导、证据的组织、相关知识的比较分析以及具体事实材料的抽象、概括等。

问答式讲授主要表现为教师问、学生答，形式上为对话教学，实质上却是以讲授为主的教学，它也可以看作是从讲授教学到对话教学的中间过渡形态。

（三）讲授式教学模式及其流程

目前，在众多心理学家、教育学家的研究基础上，讲授式教学在形式上和内涵上不断优化。教育家凯洛夫认为，课堂教学过程可分为课堂导入（情境创设）、讲解新课（新知识讲授）、巩固新课（例题与练习）、课堂小结（小结）和布置作业等五个环节。加涅（Robert Mills Gagne）则在认知心理学基础上，提出了著名的九段教学，即引起注意、告知目标、刺激回忆先前学过的内容、呈现刺激材料、提供学习指导、提供行为正确性的反馈、评价行为、促进保持和迁移。

在物理教学中，教师常常是将实验演示与讲授相结合（简称为讲授——演示法），在演示的过程中不失时机地辅以讲授来指导学生观察与记录、启发学生思考与讨论、引导学生分析与总结，使其不断地将获得的感性认识上升为理性认识，在探索中获得新知。这种"趁热打铁"的教学方式能够充分调动学生学习物理的热情，具有良好的教学效果。

多媒体教室环境下的讲授——演示教学方法的基本流程为：引出主题——演示现象——获得结论——巩固应用。

1. 引出主题

教师利用信息技术手段演示当前所要学习的知识内容及其相关的知识目标，使学生集中注意力，明了研究问题，为下一步的观察做好准备。

例如，在讲授"牛顿第二定律"时，利用视频展示刘翔在雅典奥运会夺金的情景。演示完之后，引导学生思考：在决赛时，刘翔将自己身上戴的东西像手表、项链等都摘了下来，穿最轻的跑鞋。这样做的科学道理在哪里？通过视频展示创设物理情景，激发学生的学习兴趣，同时渗透德育教育。

学生讨论后，获得结论：质量越小，运动状态越容易改变，也就是说在相同的情况下，物体获得的加速度就越大。

教师接着利用课件提供一些图片，引导学生思考下列问题，并提出主题：影响物体加速度大小的因素。

为何体操、跳水运动员的身材都比较苗条、瘦小？

从防止发生交通事故的角度考虑，说一说禁止超载的道理？

FI 方程式赛车的质量只有一般小轿车质量的三分之一，这样做有什么好处？神舟七号飞船返回舱，返回时为何要打开降落伞？

2. 演示现象

教师要结合主题演示典型的案例或实验，引导学生进行观察，获得对演示内容的感性认识。

物理教学中有一些实验可以在课堂上进行实际操作演示，但是有些实验是不适宜课堂实际操作的。例如实验现象过快，稍纵即逝；实验现象过慢，需要很长时间；实验操作难度较大；还有一些实验现象过于宏观或微观，可见度较小并且难以让全班同学都看得清楚。因此，为了使每个学生准确地观察到演示实验，课堂需要利用现代教育技术对于这些有难度的实验进行课件模拟演示或播放实验录像。比如在讲授"核能"知识点时，教师可以利用动画模拟核裂变反应，使学生理解在课堂难以演示的链式反应现象。

学生在生活中对"影响物体加速度大小的因素"有所认识，但这些认识往往是片面的不准确的。为了使学生充分地理解已有的认识，教师通过实验演示对学生进一步进行启发，引导他们不断修正自己的观点，从而形成科学的认识。

教师利用气垫导轨、气源、两个光电门、数字计时器、滑块、滑片、刻度尺、细线、小桶、砝码、天平为器材研究滑块的运动。分两步进行研究：

第一，保持研究对象的质量 M 一定时，研究加速度 a 和合外力 F 的关系。

第二，保持研究对象受到的合外力 F 一定时，研究加速度 a 和质量 m 的关系。

然后综合两次的研究结果，进行推理和归纳，便可找出 a 与 m、F 三者之间存在的关系。

用天平测出滑块的质量 m，测出小桶与小桶中砝码的质量 m_1，把小桶与小桶中砝码的总重力 m_1g 当作滑块受到的拉力 F，用光电门和数字计时器自动测出滑块运动经过两个光电门时的速度 v_0、v_1 以及这一过程所用的时间 t，再通过公式 $a = \dfrac{v_t - v_0}{t}$ 演算出滑块的加速度 a。

在设计测拉力的方法时，教师要告诉学生：把小桶与小桶中砝码的总重力 m_1g 当作研究对象受到的拉力 F_1、这是有条件的，即 $m_1 \leqslant M$。同时可以把这一条件作为学生的课外探究课题。此外，在实验中，只需测出小桶的质量，然后通过加减小桶中砝码的质量来改变对研究对象的拉力，这可以节约测量砝码所需的时间。

3. 获得结论

教师边演示边讲解，指导学生观察现象，学生从自己的知识经验和观察到的事实分析、推理，和教师一起总结出概念或规律。

将测出的 v_0、v_t、t 等数据输入计算机的数据处理表格后，计算机将自动算出相应的加速度 a，将 m_1 输入计算机后将自动算出合外力 F。调用多组实验数据，让学生分析 a 与 F、a 与 m 的定量关系。师生共同得出结论：a 与 F 成正比、a 与 m 成反比。

4. 巩固应用

巩固应用环节是实现学生对新知识的深入认识并能够应用于实际的阶段，教师应利用投影出示相关练习和作业或创设一定的应用情境，以使新知识纳入学生的认知结构中去。

(四) 物理实验探究教学方法

物理学是一门以实验为基础的精密的科学。观察和实验，是了解物理现象、测量有关数据、获得感性知识的源泉，是建立、发展和检验物理理论的实践基础，是获得物理思维材料的有效途径。物理实验及其教学也是物理课程和物理教学的一个重要组成部分，它既是物理教学的重要基础，又是物理教学的重要内容、方法和手段。在多媒体教室或者物理专业实验室环境下可以开展实验探究教学，其操作程序为：发现与提出问题——猜想与假设——实验与探究——讨论与交流——应用与创造。

1. 发现与提出问题

科学研究始于问题，如何发现问题是进行实验探究教学的关键。问题情境是发现问题、提出问题、分析和解决问题的前提基础和必要条件，不仅能调动学生的学习积极性，还能使学生思维活跃，甚至能够联想相关的物理知识和生活经验来对比分析当前物理问题，思考它们之间的联系与区别，积极地寻找各种解决方案。

2. 猜想与假设

猜想与假设是科学家进行科学研究所采用的重要思维形式，没有猜想与假设也不会形成今天的物理学大厦。很多重大的物理发现都是由猜想与假设而进一步验证推理得出的。牛顿说过："没有大胆的推测就不可能有伟大的发现。"在探究过程中，要引导学生针对当前问题结合已有的知识基础，广泛地收集资料，全面、深入地思考问题从而大胆地猜想与假设。

3. 实验与探究

学生通过各种猜想而获得的假设是学生对学习材料、事实形成的感性认识，这种认识是否科学合理还需要通过实验的检验和验证。这一环节利用投影展示实验探究所需要的各种资源，首先应提供实验原理、实验的注意事项等内容。其次，模拟物理实验，展示物理学家们做过的实验。第三，自制实验并记录实验数据。通常情况下实验探究需要分组来完成，学生利用教师所提供的实验器材完成实验，并完成实验数据的记录。

4. 讨论与交流

首先不同小组获得的探究结论可能不同，在讨论交流中大家纷纷说出自己的想法，在这个过程中每一个学生可以受到其他同学的启发，激励自己的思维进一步思考获得新的结论，不断地进行思维碰撞，最终大家达成共识。教师要在讨论中组织评价，协助学生对知识的建构。

5. 联系与应用

学生通过实验探究对知识形成了初步的感知，其次经过交流和讨论并运用分析、归纳、推理、综合的思维方法对知识进行加工处理，由此实现了感性认识上升到理性认识，使学生经过实验探究获得的知识与技能能够迁移到实际问题中去得到创造性的应用。

三、交互式多媒体教室及其教学

交互式教学法是 20 世纪 70 年代初出现的一种新的教学法。它最先是被应用在语言（尤其是第二语言）教育方面，为了提高学生的交际能力以及灵活运用语言、文字的能力，教师在教学活动中合理地运用多样化的教学方法，以学生为中心，在教师与学生之间、学生与学生之间形成交流互动的合作关系。使学生完成由"乐学""好学"到"会学""学会"的转变，从而达到有意义的学习。

交互原本是一个计算机术语，指系统接收来自终端的输入，进行处理，并把结果返回到终端的过程，也即"人——机"对话。实际上在各种形态的教学活动中都存在着交互，它是教学活动最基本的特征之一，并在不同的教学形态中呈现出不同的特征和方式。交互式教学法就是在创设教学情景的前提下，在教学平台上，教师的教与学生的学围绕某一个问题或课题进行平等交流和自主互动的一种教学方法。它通过实现课堂教学要素包括课堂教学方法及时间等全方位的最有效的有机设置，形成师生之间的交流反馈，主旨在于充分调动学生在教学统一体中的积极性、主动性和创造性，力求做到发挥教师主导作用和学生主体作用的统一。这一教学方法密切结合学生的接受情况，因此可使教学内容最大限度地适应和促进学生的智能发展，真正做到教法、学法、想法融为一体，使每一个学生学有所得，增强学生灵活运用知识来解决问题能力的提高。

（一）交互式多媒体教室的系统结构

"白板"的全称是交互式电子白板，而配备了交互式电子白板的教室可以称为交互式多媒体教室，它是介于多媒体教室和人手一机的计算机网络教室之间的交互式教室，构造出一个大屏幕、交互式的信息化教学环境。部分专家甚至认为交互式电子白板将替代黑板成为未来课堂中信息技术与学科课程教学整合的主流技术，成为学校课堂教学信息化基础设施建设的首选技术，成为学校未来教室设计施工的标准。

（二）交互式多媒体教室的设备构成

与普通多媒体教室相比，交互式多媒体教室以交互式电子白板为核心设备，在计算机和新型投影仪的支持下，具有更加丰富、完善的媒体演示与交流互动功能。

1. 交互式电子白板

交互式电子白板是系统的主体，它以计算机技术为基础，借助 USB 线与电脑连接进行信息通信，利用投影机将电脑显示器上的内容同步投影到交互白板屏幕上。在白板软件平台的支持下，可以通过手指触摸或感应笔代替鼠标在白板上直接操作，轻松实现即时书写、标注、画图、编辑、打印、存储等多项功能。

2. 计算机

与交互式电子白板相连的计算机没有特殊的要求；台式机或笔记本都可以。其硬件配置和软件要求可以参照普通多媒体教室中的计算机装配。

3. 投影仪

投影仪是构成交互式多媒体教室另一重要设备。尽管普通投影仪也可以完成投影屏幕的任务，但由于在使用时会出现较严重的强光刺眼干扰和阴影干扰等问题，能够有效解决这些问题的中短焦距投影仪日益受到关注。

（三）交互式多媒体教室的功能

交互式多媒体教室体现的是"多媒体课件+板书批注"为主要功能的设计理念，以"触摸屏+传统黑板+素材库+特色功能"为基本特征，既具备多媒体教室能够方便地获得和呈现多媒体信息的功能，又具备联网的计算机教室能够实现操作者与计算机直接互动与交流的功能，对于优化多媒体课堂的教学过程和教学质量提供了有效支持，为构建灵性、互动和高效的物理课堂提供了有效的支持。

1. 具有传统教室的功能

教师完全可以把交互式白板作为一块普通的黑板使用，将要讲解的内容通过电子笔书写到交互式电子白板上，也可以使用不同颜色的"笔"和"电子板擦"等工具进行板书的美化、加工和涂改等。交互式电子白板还支持使用者在多种格式文件上进行画、批、写、注。除此之外，交互式电子白板还具有自动记录与回放功能，可以将教师的板书过程全部记录下来，并在应用软件的支持下实现板书回放，以更好地支持头脑风暴讨论法等教学活动。

2. 具备"计算机+投影仪"的多媒体教室功能

交互式多媒体教室环境是多媒体教室环境的一种，可以实现"计算机+投影仪"的全部多媒体教室功能。如教师可以将多媒体资源呈现在交互式电子白板上，这些资源既可以是教师提前准备好的 PPT 课件，也可以是存储在计算机中的其他数字化多媒体资源。但与普通投影幕布显示资源的方式不同，在白板环境下，教师可以通过即时屏幕点击的方式进行多媒体资源的播放。这样，一方面可以将教师从"死守"在计算机边进行各种操作"拉回"到课堂中，恢复了言语和肢体语言对于学生理解所学内容的作用。另一方面，也减少了教师"奔波"于大屏幕和计算机之间的辛苦，更避免了对学生注意力的干扰。

3. 交互式多媒体教室的特殊功能

交互式电子白板具有诸多特色功能。其强大的书画功能可以提供多种性能的输写笔，允许用户直接在显示屏幕上进行书写、标注、绘图和任意擦除；其强大的教学功能可以兼容多种常见的教学软件，如：PowerPoint、Word、Excel 文档及各种格式的图片、视频，方便用户调用丰富多彩的资源库；其自带的常用电子教具，如数学教学中的直尺、量角器工具等，可以方便地用于图、角、扇形等知识的教学过程中；其聚光灯、放大镜、遮屏、刮奖刷、计时器等多种辅助教学功能不仅可以使基于电子白板的教学具有特殊的视觉效果，也可以有效支持课程教学策略的实施。

此外，交互式多媒体教室还支持视频、音频等信息的网络传送，可以方便实现资源共享和远程交流，不仅可以加强班级之间、学生之间的交流与合作，同时在远程教学、在线培训、远程视频会议等方面也大有用武之地。

作为一种既能体现数字化信息技术多媒体特征，又能体现新课程以学生为中心思想的新媒体，交互式电子白板的核心在于"交互"二字，这是其最大的魅力之所在，也是实现新技术推动教育创新的关键。

在交互式多媒体教室环境中，一方面可以保持传统课堂中教师与学生间的有效交流，另一方面可以延续多媒体课堂中丰富媒体信息对于学习效果的影响，更重要的是，可以通过增加学习者与媒体之间的有效互动，提高有意义学习的效率和质量。

（四）信息技术环境中的"互动"

一般认为，互动（或交互）是在某一特定环境下两个或两个以上行动者之间相互作用的过程。对于信息化教学背景下的"互动"，其核心有三点。一是互动一定是借助于媒体而发生的，按照媒体类型可以分为文字互动、音频互动、视频互动等类型；二是师生互动和生生互动，按照其时间特征，可以是发生在课堂内构成教学互动，也可以是发生在课堂外构成社会互动。此外，师生互动和生生互动还有同步互动和异步互动的区分；三是信息技术环境中的学生，通过与学习界面交互而引发与学习内容的互动。

因此，在以媒体为中介的学习活动中，学生首先要操作媒体，然后才能通过界面互动进行内容互动，从而实现更有效的意义获得。

（五）交互式多媒体教室环境中的教学设计和实施要点

在交互式多媒体教室中，基于集体教学（一个班）的异质同步互动教学是其最基本的特征。只有教师充分运用教学设计知识并发挥智慧才能，设计出交互式电子白板支持的课堂教学模式、教学方法和教学策略，才能实现优质的课堂教学效果。

1. 处理好技术和学科的关系

在交互式多媒体教室中，需要提防过度重视技术而弱化学科特点的倾向。如果因为迁就新技术的特色功能而将课堂变成媒体秀场，那将是另外一种失败。寻求物理学科特点、交互技术与学生认知规律的结合，从技术交互走向教学交互是实现有效教学的第一原则。

2. 从"预制"走向"弹性"的设计观

在多媒体教室环境下，教师备课以"先讲什么、后讲什么、先怎么讲、后怎么讲"为主要模式，并将很大精力用于制作结构完整、画面精美的多媒体课件。而交互式白板环境下，教师需要转变高度结构化的教学设计观念，备课的重点是规划活动框架而非具体到每个细节。教师主要是从服务教学目标的角度思考如何创设有效的活动情境，然后将可能用到的资源素材，如与活动有关的图片、照片、动画等保存到白板资源库中，课上根据需要灵活调用。只有摆脱了高度"预制"结构的观念束缚，教师才能在课堂上放得开，进而为学生打开"创造性思维之窗"。

3. 加强"过程与方法"维度教学目标的设计与实施

在"知识与技能、过程与方法、情感态度与价值观"这个新三维教学目标体系中，最具创意的是"过程与方法"维度的教学目标。而交互式电子白板作为一种能在课堂教学过程中发挥巨大作用的新媒体，其教学资源的整合与生成性、教学平台的参与性与交互性、教学环境的协作与研究性、人机关系与师生关系的亲近性等技术优势，必须通过学生的参与才能更好地发挥出来。

（六）交互式教学的特点

1. 双向交互性

这种教学方法强调师生之间、学生之间在教学活动中要保持不断的交往互动，通过有效的双向互动，实现共同的目标。随着网络和多媒体等教学手段不断引进课堂，参与者还要进行人机互动。正是多元、双向的互动使得每位参与者都处于主导地位当中，而其他人都要进行协调、适应的互动，这种格局有助于学生养成与他人平等讨论、分析问题的协作能力。

2. 主动参与性

交互式教学改变了学生在传统授课模式下的被动接受地位，把学生作为真正的教学主体，注重发挥其主观能动性，一切都为了学生的全面发展与个性充分发展而设计。在课堂上给学生留有充足的思考及讨论问题的时间，使其获得独立思考的过程，因此不但可激发学生的学习兴趣和学习主动性，还能培养其发现问题、提出问题和解决问题的能力。这种主动学习的精神是学生进步的标志，是以学生的发展为本的体现。

3. 思维开放性

交互式教学具有显著的开发性，它尽可能地为学生提供探索性实践任务，使学生获得广阔的探索性活动空间。通过引导和激励学生的探索欲望，使学生的心理经常处于一种追求创新的状态。同时，通过教师设立的"问题情景"来引导学生不断发现问题和质疑问题，从而促进学生创造性思维和发散性思维的培养。

4. 全面发展性

在交互式教学中，教师以教学内容为主线，结合相关的实际问题、同类问题、相反问题，通过演绎、类比和对比等方法来逐步启迪学生，使学生的思维越来越活跃、思域越来越宽阔，逐渐产生要求运用书面知识来解决现实问题的强烈愿望，促进学生对多元知识的接受，从而达到综合性知识教育的良好目的，有助于学生个体的全面发展和全体学生的共同发展。

5. 团队合作性

在交互式教学中，师与生、生与生之间处于一种团结合作的密切关系之中。教师既是教学管理者、引导者，也是学习参与者，而学生也在教学活动中扮演着参与者和协调者的角色，因此学习任务需要双方合作来完成。通过交互式教学多种形式的讨论，师生间不断交流信息和见解，促进学生从不同的角度、方向和层面去思考问题，从而发现自己思维存在的弱点，学习别人的长处。更为重要的是，通过这种民主和谐的教学方式，建立一种以"交流、合作"为特色的民主型的师生关系，有利于学生团队精神的培养。

四、信息化技术对物理教学的影响

（一）对教师的影响

物理教师作为学生发展的促进者，课程开发的参与者，教学活动的研究者、组织者、策划者与执行者，承担着传授知识与技能、把控教学节奏、激发学生学习兴趣、培养学生物理核心素养等重要职责。在信息化教学模式下，既给教师提供了大量可供使用的优质教学资源与技术手段，又对教师的责任心、策划能力、执教经验、学习能力等方面提出了较高的要求。还需要教师提炼出抽象性强、教学难度大、实验风险高等知识点，因为这些知识点最适合采用信息技术手段开展视频教学讲解。之后，围绕着这些知识点的教学需求搜索相关电子图片、视频、PPT等多种形式的信息化教学资源，并将其制作成短小精悍的微课，用于在课堂上播放，发挥出导学作用。还需要在课前准备阶段，编制一份信息化教学方案，明确开展信息化教学的时机、时长以及信息化教学与常规课堂教学的衔接方式等事项，以便于把握好课堂教学方向与教学节奏。最后，还要及时针对近期教学成效进行总结与反思，并且针对其中的问题与不足进行优化调整，进行合理整合。教师在日常生活、学习中，不仅要通过信息技术应用能力培训，更要通过自主学习信息化知识与技能，促进自身信息化教学水平的不断提升。

（二）对学生的影响

在应用信息技术教学手段时，学生可以在较短的时间内，对所学物理知识形成透彻理解，并且还能学到很多课本以外的物理知识，观看到更多日常生活中的物理现象，就能深入理解物理知识与现实生活之间的关联所在。对于提高学生的学习兴趣、学习质效以及学生的物理素养和学习成绩，都会有很大的帮助。另外，教师会将物理重点知识的微课视频、多媒体课件等分享到班级群当中，供学生在课后反复观看，开展自主复习，使学生具备更强的自主学习能力。最后，在日常生活中，师生之间可以借助信息技术进行线上交流。比如当学生遇到学习困难时，可以通过微信、钉钉、QQ等网络工具向物理教师请教。教师可以通过视频或课件进行讲解，使问题得到及时有效的解决。

第二节　计算机网络教室环境下的物理课堂教学

这里主要从两个方面介绍计算机网络教室环境下的物理课堂教学：一是介绍计算机网络教室环境，即了解计算机网络教室、掌握计算机网络教室的教学功能；二是学习在计算机网络教室环境下开展物理课堂探究性教学的模式与流程，即了解探究性教学及其模式和流程、掌握计算机网络教室环境支持的探究性教学。

一、计算机网络教室

计算机网络教室，也称为多媒体网络教室、网络机房等，它兼有多媒体教室、计算机机房的功能，可以支持课堂互动以及开展个别化教学、小组学习等多种形式的教学。

（一）计算机网络教室的组成

计算机网络教室的组成主要由联网的多媒体计算机和其他多媒体设备（如投影仪、扩音设备等）组成，多媒体计算机由网卡、网线、集线器、网络操作系统等网络软硬件形成一个小型的局域网。

目前，计算机网络教室中常见的计算机摆放方法有花瓣型、纵向分布和横向分布三种类型，学校可以根据条件和环境选择适合的摆放类型。

计算机网络教室包含教师机、学生机、控制系统和资源系统四个主要组成部分，它们缺一不可。

1. 教师机

教师机是教师使用的多媒体计算机，不仅与其他媒体设备相连，而且通过网络设备与学生机相连。教师通过教师机能够组织教学活动，控制教学进程等。

2. 学生机

学生机是学生使用的多媒体计算机，通过网络设备与其他计算机相连，既可以访问本地资源，又可以访问外部网络资源。

3. 控制系统

控制系统包括控制面板和电子教室（广播软件）。控制面板能够控制各媒体设备之间的切换；电子教室能够实现教学演示、视频广播和集体讨论等教学功能。

4. 资源系统

包括辅助备课资源、学科资源库和素材库等。教师和学生可以根据需要随时从系统中调出使用。

网络教室的主要用途有两个方面，一是信息技术课的主要教学场所，使学生了解计算机的基本知识，训练学生的计算机应用技能；二是信息技术与学科课程结合教学的重要场所和条件保障，为学生开展自主学习、个别化学习、协作学习、研究性学习提供良好的支撑环境。

（二）计算机网络教室的功能

一般来说，计算机网络教室的控制功能主要由电子教室系统（一种计算机软、硬件系统）来实现。这种控制系统可以实现很多功能，如视听教学、实时监控、控制、分组管理、交互辅导等功能。

1. 视听教学功能

视听教学与多媒体教室的功能类似。视听教学包括屏幕广播、语音和集体讨论等多种形式，是教师将教师机或某台学生机屏幕显示的画面和语音同步播送给学生，可以全体广播也可以对部分学生广播。

2．实时监控功能

当学生自由练习或自由讨论时，教师可以不离开自己的座位，通过教师机来查看学生的操作情况，从而采取某种手段（如黑屏、强行重启动等）对教学过程进行有效的控制，以达到更好的教学效果。

3．控制功能

教师通过控制功能可以随时对学生机实行键盘封锁、帮助指导甚至重新启动等多种功能，可以提供一对一的教学指导。

4．分组管理功能

包括分组教学、分组辅导、分组讨论等多种形式，教师可以通过分组管理功能将学生编成若干小组，以实现针对单个学生、某个群组或全体进行教学示范、远程教学、分组讨论等操作。

5．交互辅导功能

交互辅导功能其实是控制功能在课堂中的具体应用形式，通过电子举手、自由讨论，教师可方便地实现对学生的个别辅导、单独对话等，极大地方便了教学。

6．网络考场

网络考场是传统考场的延伸，它可以利用网络的无限广阔空间，随时随地地组织学生进行考试，加上数据库技术的利用，大大简化了传统考试的过程。服务器端对数据库进行管理，客户端通过浏览器登录网络考场。它基于题库操作，能够实现智能自动组卷、自动阅卷和自动分析，大大缩短了考试周期。

7．视频点播

视频点播功能包括：自动搜索视频服务器和视频节目表单，因采用多级索引结构，用户能够迅速查找喜爱的节目，多人同时点播同一或不同节目，也能流畅观看；提供进度条、显示总时间和播放时间；提供播放、暂停、停止、窗口/全屏切换等功能。

8．遥控辅导

教师可远程接管选定的学生机，控制学生机的键盘和鼠标对学生远程遥控，辅导学生完成学习操作，进行"手把手"式的辅导教学。在此过程中，教师可以随时锁定或允许学生操作计算机的键盘和鼠标。教师在遥控辅导教学中可实时监控被遥控学生的电脑屏幕，教师在遥控辅导教学中可与被遥控的学生进行双向交谈，遥控辅导的同时可使用电子教鞭功能。

9. 课件点播系统

系统内置的课件点播系统，允许学生点播教师机或服务器上的课件、视频、文本等类型的文件。

(三) 计算机网络教室支持的课堂教学的特点

计算机网络教室彻底改变了以往教学中黑板加粉笔的状况。由于计算机可以安装一定的学习软件，加上互联网上的大量教学资源，所以计算机网络教室可以实现集体授课、协作式学习、个别辅导、探索式学习等多种教学方式。在这些教学方式中，计算机网络教室特别适合以"学生为中心"的教学模式。

1. 教学要素的地位发生变化

在计算机网络教室中，学生可以利用信息技术参与学习活动过程，由书本知识的灌输对象变成了信息加工的主体、教师主导下的知识意义的主动建构者；教师由书本知识的拥有者、灌输者和传授者，变成了课堂教学的组织者、指导者，学生建构意义的帮助者、促进者；媒体和工具成为促进学生思维发展的认知工具。

2. 充分体现信息技术与学科课程整合

计算机网络教室中的教学要求教师和学生要充分利用信息技术完成教学任务，更注重学生学习的体验过程、思维的形成过程和知识的应用过程，这直接促进了信息技术与学科课程的高度结合。

3. 既调动学生学习的主动性，又能充分发挥教师的作用

教学是教师和学生共同活动的过程，两者同样重要。在计算机网络教室中，学生处于具体学习活动的中心，教师则处于教学活动的制高点。学生可以利用教师提供的学习条件进行自主探索或协作学习达到学习目标，教师则对学生的学习过程及过程中的各要素进行控制。

二、计算机网络教室环境支持的探究性教学

物理课程应促进学生自主学习，让学生积极参与、乐于探究、勇于实验、勤于思考。通过多样化的教学方式，帮助学生学习物理知识与技能，培养其科学探究能力，使其逐步形成科学态度与科学精神。开展这种学习有很多种方法，但是让学生在计算机网络教室中进行这样的学习可能比较有效，因为计算机网络教室提供了学生自主探究的工具，如几何画板、仿真实验软件，以及教师教学控制的工具。

在计算机网络教室环境下，教师可以很方便地引导学生进行自主探索，动手实践，提供协作交流的机会，从而提高学生对物理知识的理解能力以及对物理学科的学习兴趣。计算机网络教室是在课堂教学中开展探究性教学的最佳环境。

计算机网络教室环境为物理开展探究性教学提供充足的支持。教师可以利用多媒体技术创设丰富的教学情境、提供优质的教育资源、丰富的探究工具以及组织管理工具和评价工具等。

（一） 创设丰富的教学情境

在计算机网络环境下，教师创设情境的方法多种多样。教师可以通过设置一个需要解决的实际生活问题，也可以播放一段视频，或举一个典型的案例，但需要特别注意的是所有这些活动都必须与学习主题密切相关，否则达不到创设情境的目的。

（二） 组织与提供学习资源

在计算机网络教室中，教师除了要提供示范性、引导性的学习资源，进行学习兴趣激发和适时点拨外，更重要的是根据学习任务的范围和难度，为学生提供多样化的资源内容（或资源搜寻线索），帮助学生进行有效的探究学习。学生通过浏览这些资源，可以理解相关的概念和原理，并运用概念与原理完成学习任务。一般来说，教师可以建立专题学习网站以控制学生访问资源的范围。

（三） 丰富的探究工具

探究工具是指能为学生的学习过程提供支持与帮助，促进学生获取知识，辅助高级思维活动的各种中介。按照对学习支持作用的不同，学习工具可以分为效能工具和认知工具两大类。效能工具是指帮助学生提高学习效率的工具，比如电子表格、记事本、计算器、词典、画图工具等。认知工具是指能促进学生知识建构，发展思维能力的工具，比如引导性问题、学习指导、概念图、相关案例、问题操作模型等。

几何画板是一个通用的物理、数学教学环境，适用于矢量分析、函数、作图。它提供丰富而方便的创造功能，使教师可以随心所欲地编写出自己需要的教学课件。软件提供充分的手段帮助教师实现其教学思想，只需要熟悉软件的简单的使用技巧即可自行设计和编写应用范例，范例所体现的并不是教师的计算机软件水平，而是教学思想和教学水平。而且其对系统的要求也比较低，可以说几何画板是最出色的教学软件之一。

(四) 协作交流平台

计算机网络教室环境给学生提供了多样、有效的协作交流空间。在计算机网络教室中，学生除了可以通过语言与小组内成员或教师进行问题的探讨、交流外，还可以通过"网络电子教室"的特殊功能，在需要时与同学或教师进行"悄悄"地对话。教师则可以利用网络教室的监控功能，随时了解学生的学习进展情况，并对需要帮助的学生提供个别化指导。

此外，教师也可以组织学生通过电子邮件、BBS、电子会议系统、微信等多种方式进行意见交换，思考解决问题的方法和策略，从而提高交流的广度和深度。

(五) 丰富地组织与安排学习活动的工具

虽然网络环境下的探究性教学具有较大的灵活性，但是合理的规划依然是保证按时完成教学任务，并优质达成学习目标的关键。为了有效开展教学，教师需要根据实际情况，对整个学习内容及其进度做出规划。计算机网络教室中的电子教室平台能够为教学活动的组织和安排提供工具。特别是在组织小组教学时，计算机网络平台的分组工具能够发挥出巨大的作用。这种工具不仅能够为分组提供帮助，更能为小组活动提供帮助。

从某种角度上来说，计算机网络教室中的电子教室平台是计算机网络环境下有效开展教学活动的保障。

基于网络的合作学习是一种有效的学习方式，但是如果仅将学习者组成小组，然后让他们一起工作，并不见得可以取得有效的学习效果。在合作学习中，关注学习小组的结构设计和活动设计，是保证学习者积极参与合作学习，以及进行良好合作运作的保障。

1. 合作学习小组的结构设计

教师在进行合作学习小组结构设计时，要重视地位、角色、规范和权威四个结构要素。地位是指学习者在小组中所处的相对位置；角色是指按一定规范表现的特定地位的行为模式；规范是指稳定的规则与规章制度；权威是指一种合法化的权利。

在具体操作时，教师应该在组建学习小组时就帮助学习者形成初步的地位等级，如设立小组长、监督员等，以提高小组的学习效率。在设立小组长的同时，教师还应该通过赋予小组长一定的特权，树立小组长的权威。一个合作小组的规范则至少包括两个方面：小组宗旨和组员分工。一般来说，小组规范可以作为小组主页的一部分在网站上进行公布。教师提出小组规范的原则性框架，然后由合作学习小组全体成员自己制定具体的规范内容。这种办法能够在较短时间内使更多的小组成员对规范形成较高的认同感。

2. 合作学习小组的活动设计

合作学习小组的活动设计包括活动方案设计和活动指导策略两个部分。活动方案设计的内容包括教学活动序列设计和教学活动内容设计。活动指导策略是指合作学习中教师指导和参与小组学习的技术、方法和步骤。可以从四个方面入手。

（1）合理分工，促进组员发展相互依靠关系

教师要为每个学习小组设计清晰明确的学习目标和学习任务，并通过指导学习小组成员对学习任务进行合理分工，使不同的成员拥有不同的角色和不同的任务，从而建立成员间的相互依靠关系。在合作学习中为了保持成员分工和角色的持久性，教师还应该运用鼓励组内成员共同得分的评价机制，鼓励不同角色的成员为小组共同的学习成果作出贡献。

（2）促进组员间的面对面交流

小组成员不仅需要网上交流，还需要组员间的面对面的交流与互动。教师因此要为合作学习小组提供物理活动空间，让小组成员能够就学习中的各种问题进行充分地探讨。

（3）设计评价量规，使用评价技术

处理好个别学习与合作学习的关系。教师在设计评价量规时，既要设计对小组整体的评价指标，还要设计对组员个人的评价指标，以使学习者能够清楚自己对学习所负的责任，认真对待个别学习，不产生依赖性，同时还能够在合作学习中积极贡献个人的力量，促进合作学习。

（4）运用决策方法和技术，有效进行冲突调解

在合作学习中一个常见问题就是组内成员会就某些问题发生意见冲突，无法形成小组决议，从而导致合作学习失败。进行冲突调解的最根本办法是提高学生的决策能力，使学生掌握几种典型的决策方法（如头脑风暴法、反头脑风暴法、专家意见法和电子会议法等），并指导他们在合作学习发生冲突时有效使用这些方法。

（5）提供学习评价工具

在计算机网络教室环境中开展探究性教学，学生会有充足的时间和机会使用现代信息技术媒体。因此，伴随着信息化学习过程产生的大量"过程性"信息和"结果性"内容，这些都是学习评价的范围。对于过程性评价，主要考核学生的探究能力、协作能力、学习能力等。对于结果性评价，主要考核其"作品"完成的质量或随堂测验的成绩。多元化的评价方法和工具对于全面评价学生网络环境下的学习表现非常重要。

评价学习过程

教师可以通过观察或者开发智能型网络学习平台，跟踪记录每个学生参与学习的情况。如根据网络发帖的次数、提问和回复的质量等，评价学生参与学习的态度和合作、探

究的能力。此外，教师也可以通过建立"电子档案袋"的方式对学生进行评价。可以利用计算机收集、记录学生在学习过程中生成的学习材料与反思材料，以此评价学生的进步情况与学习能力。

评价学习结果

对于产生"作品"的信息化学习，教师可以通过提供作品"范例"和"评价量规"的方式，促使学生有效学习。

第六章 物理学习兴趣培养策略

第一节 物理学习兴趣的培养与基于德育的培养策略

一、物理学习兴趣的培养策略

兴趣是最好的老师。教师要认识到兴趣对物理教学的重要性，只有认识到这一点，才能时时刻刻注重培养学生的物理学习兴趣，提高教学质量。

（一）合理利用教育者的引导作用

教育者也就是教师。在实施教育过程中，教师不是把所有的知识灌输给学生，而是要利用好自己的引导作用，运用合理的方法在潜移默化中把学生引导到物理的天堂。

1. 散发学术魅力，吸引学生兴趣

"师者，所以传道授业解惑也。"作为一名教师，我们必须具备过硬的学术知识，如果教师自己都不懂，只能是误人子弟。作为一名物理教师，我们一定要充分了解本专业的学术动态，掌握本学科的学术知识，站在科学的前端，以充足的学术魅力来吸引学生向物理靠拢。

2. 注重情感交流，培养学生兴趣

物理教学不是单边活动，它是师生双方的一种互动，这不仅仅指物理知识的传递，还应有情感方面的交流。有的学生往往容易感情用事，他们对本学科教师的喜欢程度直接决定了他们是否喜爱这一学科，因此很可能由于不喜欢任课教师进而讨厌学习这一门课程，同时容易使教师产生急躁情绪，进而使学生更加厌学，如此反复形成恶性循环。教师不应被自己的身份所限制，要时刻注意与学生的情感交流，让学生相信自己，愿意与自己分享喜怒哀乐。在情感的交流下，学生会在脑海中摒弃传统古板的教师形象，从心理上拉近与教师的距离，这样教师才能在课堂上合理利用感情因素来调动学生的学习热情，让学生对学习产生更浓厚的兴趣。

3. 助力克服困难，提高学生兴趣

很多学生在初学物理时有浓厚的兴趣，随着学习的深入，物理知识的层次和要求有很大的不同。而大多数学生常常不习惯这样的转变，感觉物理台阶太高，学习起来会非常吃力，事倍功半，从而失去对物理的信心和兴趣，甚至开始讨厌物理。针对这些学生，教师应多了解、多分析，根据他们的实际情况做出对策，适当放慢教学速度，逐渐使学生理解和认识到物理的基本概念和基本定律，设法引导学生由简入繁，从而慢慢恢复学习物理的兴趣。

（二）发挥被教育者的主体性

被教育者也就是学生，青春期的学生不缺乏好奇心，我们要用正确的方法去引导他们。

1. 提高学生对物理的认识

物理学有着与人类一样古老的历史，它是人类探索、发现大自然的现象和规律最为有力的工具，是人类认识和改造自然的有力武器。教师要让学生明白物理学是一切自然科学的基础，任何一个科学技术的相关领域都有物理学的存在，帮助学生认识学习物理的必然性，让学生意识到学习物理的目的不仅仅是单纯地学习一些物理书上的知识，更重要的是通过对物理的学习，使自己的逻辑思维能力得到较好的训练，分析问题和解决问题的能力得到提升，对物质世界的奥妙有更明确的了解。

2. 分阶段引导学生对物理产生兴趣

学生在接触物理之前对这门课程充满好奇，这时教师应在课前充分准备，不要急于讲授知识，而要围绕学生对物理的好奇心先上引导课，在课堂上提出一些有趣的问题让学生来自由发挥回答问题，如为什么飞机能飞起来，为什么我们能走路等关于物理方面的有趣问题，并且让所有的学生参与进来，把课堂活跃起来，这样使学生感觉物理课不是那么的枯燥，在内心深处愿意上物理课。在日后的深入教学中，教师要用学生感兴趣的语言进行教学，用这课堂中的知识结合现实中的情况提出有趣的问题，让学生带着好奇，带着求知欲进行上课，在潜移默化中帮助学生爱上物理。

3. 充分利用课外资源，提高学生学习兴趣

丰富的课外实践活动，例如集体参观活动、物理竞赛等，让学生不仅从课内学习物理

知识，在课外也能增长见识、开阔视野、丰富物理知识，把物理知识与生活中存在的现象联系，提高学生学习物理的兴趣。同时，教师还应该多鼓励学生参加各种课外兴趣小组活动，如航模小组、电气安装小组、无线电小组等，鼓励学生搞小发明、小创作，提高学生动手、动脑的能力，培养他们的创新能力，从而激发学生的求知欲。

教师也可以将一些课外有趣的实验搬进课堂，成立第二课堂，积极引导学生观察各种物理现象，如用放大镜烘烤蚂蚁、纸锅烧水、摩擦生电、筷子的神力等。对于那些能够用所学知识解决的物理现象，则在课堂上给学生讲解。如此这样，学生通过动手动脑，学习的积极性便有了很大的提高，可以极大地增强学生对物理的求知欲。

在物理的教学过程中，教师应该根据学生的身心发展特点，精心地设计每一个教学过程，积极地引导每一位同学，循序渐进，在潜移默化中发挥最大的效果去激发学生的学习兴趣和求知欲，努力帮助学生克服学习中遇到的各种障碍，因材施教，拓展学生的学习思路，培养学生的实验能力和思维能力，从而达到既让学生掌握了物理知识，又训练和提高了学生的逻辑思维能力和创新能力的目的。同时也能增强学生的自信心，在自信心提高的同时进一步提高学生学习物理的兴趣。

二、基于德育的物理学习兴趣培养策略

兴趣是学好物理的基础，提升学生学习物理的热情是关键，准确把握物理规律、原理解释物理现象才是学生应该掌握的技能。所以，在教学中，教师应多关注物理与日常生活、生产的密切联系，注重它们在生活中的应用。在我们的身边有许许多多的物理现象，都与我们的生活有关联，例如，胸口碎大石、拔火罐、人们的呼吸等，是大气压强帮了忙；人走路、跑步、车辆的行驶等，是摩擦力帮了忙；鸭子可以浮在水中、轮船可以浮在水中等，这是浮力的知识；插入水中的筷子从侧面看好像弯折了雨后的彩虹等，这是光的折射现象。在学习物理的过程中，有许许多多的物理现象、事例与我们的生活有关。教师在讲课的过程中，可以针对本节的知识选择学生熟悉的现象穿插在教学的过程中，用他们身边熟悉的现象激起他们学习的兴趣，使他们觉得物理就在身边、就在我们的生活中。其实物理的学习重在理解，把一些抽象的知识转变成自己的东西，这样就可以理解很多的现象。教师要结合教材自身的特点，向学生介绍物理发展历程，使学生了解物理、认识物理，知道物理是有用的，所以要好好学习物理，向物理学家们学习。法拉第（Michael Faraday）在不断的实验中花费了 10 年的时间才发现了电磁感应现象等。可以此来告诉我们的学生，如果要在科学研究中取得很好的成绩，就必须勇于实验、敢于失败，要在不断的失败中还能坚持研究，为了成功而拼搏。教师要营造浓厚的学习氛围，让学生能更深入地

了解物理知识，鼓励他们不断探索科学，勇于面对困难，让学生们能以此了解做人的道理，不轻言放弃，面对困难要保持良好心态，乐观面对问题，以必胜的决心来对待问题。

孔子曰："知之者不如好之者，好之者不如乐之者。"学生只有对物理这门学科感兴趣，才会想学、热爱学，从而用好物理。所以，不论是学哪门课程，首先要感兴趣，只有这样才能使整个学习变得主动起来，学习成绩才会逐步提高。怎样才能使学生对物理学习产生浓厚的兴趣呢？可以从以下几个方面入手。

（一）要让学生感到物理学科有用

例如，在学习"浮力"新课时，教师可以展示放入水中的乒乓球会浮起来、放入水中的铁块会沉入水底，而巨大的轮船可以浮在水中的视频来引入新课，同样是金属块为什么会出现不同的结果？学完这些内容学生们就知道是怎么回事了。人在水中会下沉，而人们在死海中是可以看书的，同样是水，为什么会出现不一样的现象？在讲"重力"这节课时，教师可以引入手中的石头撒手后会落向地面；飘在空中的鹅毛最终也要落向地面；飞向空中的篮球会落向地面等。这样一来，学生的学习兴趣就会更浓厚，听课情绪会更高涨，求知欲望会更强烈。运用浮力、重力的知识可以解释很多的物理现象，这样学生们会觉得物理是有用的。

（二）要让学生感觉学习物理"好玩"

例如，在开始学习电学时，需要我们的学生自己动手来连接实物，可以让学生看看各个元件是怎么连接的，尝试着说一说电流是通过怎样的路径从正极回到负极的，一边看电路图，一边思考电流的走向，尽量让学生自己分析又能亲自动手操作，在教学中，我们要将课本中的一些演示实验改成学生实验，目的就是让学生多动手、多动脑，培养学生们的实验操作和分析能力，养成良好的思维逻辑能力。"迟钝的硬币"这个实验要归功于牛顿第一定律。牛顿说过，运动中的物体习惯保持运动状态，静止的物体习惯保持静止状态，除非有外力施加在它们的身上。因此"硬币"想做的事情就是"赖着不走"。在这个实验中，扑克牌在受力瞬间被移开后，硬币失去承载物，在重力的作用下会掉落在杯子里。学生们完成这些实验后，注重合作、协作，感觉到物理真的"好玩"。

（三）要利用我们生活中的现有条件，鼓励学生课后自己动手做实验

教师可以把一些容易操作的实验放在课堂上进行。比如说，用冰做"凸透镜实验"，把冰磨成中间厚、两边薄的形状，用它正对外面的太阳光，有水应该没蚂蚁，除非是水箱

里的水，如果这个时候你把手放在那里，会感觉非常烫，它说明"冰凸透镜"对光有汇聚的作用。做这个实验不是一个学生能独立完成的，需要大多数的学生都参与进来，完成这个实验可以培养他们的合作意识和团队协作的能力。教师要对完成好的小组提出表扬，给他们掌声，使学生们真正体会到物理就在身边；对于表现不足的小组，老师要给予一定的帮助，也让他们有所提高，有一定的成就感。

在实验教学中，不论是演示实验还是学生的分组实验，我们都要养成实事求是的科学态度和良好的学习品德。这些是我们的学生在以后学习道路和人生道路上都应该具备的品质。这就要求我们"人类灵魂的工程师们"要在教学中渗透德育工作。尤其在做实验时，数据要以事实为基础，不能为了结论而拼凑数据，那样的话，学生就会不再相信教师所说的话，他们会对教师产生怀疑。我们要实事求是，通过实验得出结论，这样我们的学生就会更信服我们，这样就可以做到"亲其师，信其道"。

结合物理学科的特点，要想学好物理，必须注重实验教学，要让学生在玩中学、在学中玩，不觉得学习物理是一种负担。物理是我们认识世界、了解世界，为我们更好地解决生活实际问题的学科。物理来源于生活，又服务于生活。例如，烧水时，水沸腾把壶盖给顶起来又落下，使人们受到了启发，终于有了蒸汽机的问世。随着技术的提高，又发明了火车。到如今的高铁，让人类的出行不再那么困难，拉近了城市与城市之间的距离，使我们生活的圈子更广阔了。

所以，一堂真正渗透德育的物理课，必然是学生愿意上、乐意学、容易懂的课。教师要不失时机地进行爱国主义教育、道德品质教育，使学生能够勇于面对生活，保持正能量，积极面对各种问题。这就要求教师多举一些学生常见的事例、现象去加以填充，在丰富课堂内容的同时，降低学习的难度，使他们更容易接受所学的知识。

（四）道德品质的教育

教师要培养学生养成良好的兴趣、性格和气质，使学生遵守社会公德。教材中有很多德育素材，需要教育工作者挖掘德育思想，积极引导学生。

1. 激发学生的学习兴趣

在夏天我们吃雪糕时，会看见在雪糕的周围有"白烟"出现，它是怎么形成的呢？这是空气中的水蒸气遇到冷的雪糕时发生了液化所形成现象，同时大家是否注意到"白烟"是"向上飘"还是"向下落"呢？可以由此激起学生们的兴趣。学生会纷纷发言，各抒己见，发现生活中处处有物理，感受到物理的巨大作用。

2．注意环境保护

例如，教师在"防止废电池对环境的危害"教学中，让学生进一步懂得废旧电池等物品对环境的危害，教育学生做环保卫士。

3．养成良好行为

由于噪声严重影响人们的工作和生活，教师在"噪声的危害和控制"教学时，要教育学生在公共场合不要大声喧哗，不在小区内鸣喇叭，到夜深时注意控制音响的音量等。

4．摆事实讲道理

例如，在讲解"摩擦起电而不是摩擦生电"时，可以这样告诉学生：我们知道物质是由原子构成的，原子是由原子核和核外电子组成的，其中核外电子围绕原子核做高速旋转，是因为原子核对核外电子有束缚力，不同物质的原子核束缚核外电子的能力有强也有弱，束缚能力强的就会得到一些电子，因为有多余电子而带负电；束缚能力弱的就失去一些电子，因此失去电子的物体而带等量的正电。并不是创造了电荷，所以不能说成摩擦生电。以此教育学生学会与人相处，并相互帮助，增强合作意识。

（五）自我寻找物理学科中美的地方，激发学习兴趣

每一门学科都有自身的内在美，物理学科也是如此。物理就在我们的身边，时时刻刻存在，有的与我们的认识相符，有的不符，这就要求我们不断学习，积累知识，为后面的学习做好铺垫。怎样把物理现象与事实结合起来，寻找它们内在的美，就得通过物理现象来说明。比如，如果摩擦力突然消失了，世界会变成什么样呢？问题一提出，学生们就开始积极地讨论起来，都有了兴趣，气氛一下子就活跃起来了。

总之，在以后的教学中，教师要努力激发学生学习物理的兴趣，培养他们热爱物理、学好物理，更好地渗透德育，为将来学生进入社会积累知识底蕴与提升学生素质做好储备，提升学生的人格魅力，让学生做一个合格的四有新人。我们教师需要不断学习，丰富我们的头脑，努力提升业务水平，用通俗的语言把知识讲解出来，使学生更加乐学，容易接受。

第二节　物理学习中情境兴趣培养策略

一、情境兴趣激发阶段的策略

在一个宽松的学习氛围中，学生的思维更活跃，注意力更容易集中，兴趣发生的阈值

也会降低。

（一）兴趣教学的开场：创设问题情境，先声夺人

物理发展源于物理创新，物理创新源于物理问题，物理问题源于物理情境，问题情境的创设是引导学生提出问题的基础。杜威认为，一个实际的情境是引发思维的起始阶段，情境兴趣的激发也离不开问题情境的创设。如果问题被认为是新颖、令人惊讶或与个人相关，这个问题将引发情境兴趣。

良好的开始是成功的一半，刚上课时学生情绪不稳定，注意力不集中，需要运用一个较强的刺激，收敛学生的思维活动，安定其情绪，唤醒其注意，并使其注意力指向本节课内容，一旦唤醒学生注意，情境兴趣的激发也就水到渠成了。所以，要在教学开始的时候，首先设置问题情境，先声夺人。

下面列举一些关于创设情境的方式。

1. 利用类比方式创设情境

第一，如在进行纵波的教学时，播放一段蛆运动的视频，形象越"鲜明"对学生的刺激越深，越能抓住学生的注意。然后引导学生观察它的运动特点，等待学生思考，抛出主题：世界上很多运动的特点都是很相似的，就算看起来并不相干的事物，比如今天我们要讲的纵波。然后将纵波的运动特点和蛆的运动特点联系起来，给学生留下一个深刻的印象，也帮助学生理解了纵波的特点。如果使用弹簧振动来设置情境来引出纵波的话，效果就会差一些，因为离学生原有经验较远，也不够鲜明。

第二，在进行电阻的教学时，可创设这样的情境：你带领一群人，来到一个岔路口，左边是大路，右边是小路，哪条路走得快？（学生回答大路），电流跟你一样聪明，电流就像是人流，小路对人流有阻碍作用，就像是细导线对电流阻碍作用更强一样。使用类比的手法创设情境以帮助和学生和已有认知建立关联在电学的教学中是一种有效的方式，借此来引发学生注意，继而引起其思考。

2. 利用实际问题创设情境

第一，讲向心力时，创设这样的情境：从前有一头猪要过桥，这头猪五百斤，拱形桥的最大承重是三百斤，请问这头猪怎样才能过桥？并同时给出桥的半径，同时请同学们注意：①这头猪的名字不叫五百斤。②这头猪一定要从桥上过去。

第二，介绍非惯性系概念时，可从这样的情境引出：你晚上乘坐动车外出旅行，突然发现你面前的水杯移动了，这是为什么？此时，其所受的合外力为零，请问为什么它的运

动状态发生变化？这符合牛顿定律吗？是不是牛顿定律出了问题？

第三，将学生熟悉的案例进行创新创设情境，如"苹果落地"可在多个物理概念的教学中创设情境：有一天，你坐在树下思考，被一个重250克的苹果从2米的地方下落砸到了脑袋，请问这个过程中重力做了多少功？苹果砸到了你0.1秒就掉下去了，请问苹果对你的平均作用力是多少？如果你将起身苹果以5米/秒的速度扔了出去，请问苹果落地时的水平位移是多少？如果将苹果以10米/秒的速度扔出去呢？请计算苹果绕地球环行的离地高度。苹果落地后裂开，你闻到一股香甜的气息，请问你为什么闻到一股香甜的气息？苹果是红的，而树叶是绿的，为什么你看到了不同的颜色？这时有一只狗跑过来，飞快地叼走了苹果，用了2秒的时间把速度由0加到15米/秒，请问狗的加速度是多少？

第四，讲卫星变轨时，从电影《流浪地球》引出问题：太阳要灭亡，地球要流浪，请问地球该如何变轨？多大的速度能够离开太阳系？或给出发动机推力与地球质量，并让学生计算加速到光速的千分之五需要用的时间。讲动量守恒时也可以利用这个情境。

3. 利用谬论创设情境

利用谬论创设情境，以便帮助学生在抨击谬误中进行探究，激发情境兴趣如在帮助学生认识系统内力时，可以创设如下图情境：有人提出了反重力飞行器和永动电磁车，你认为是否可行？而后引出对系统内力的教学。

4. 利用物理学史创设情境

第一，如在讲卫星发射时，牛顿曾经提出这样一个想法：一个人在高山之巅，以一个很小的初速度扔一颗石头，它会做什么运动？如果速度再大一些呢？如果速度很大呢？

第二，在讲电磁感应时可举以下案例：有一位科学家比法拉第早很多年，做了与法拉第相同的实验，不过他将电流表放到了隔壁房间，每次做完实验便去隔壁房间观察是否有电流产生，最终他与电磁感应现象的发现失之交臂，那为什么会这样呢？这样引发学生的好奇心，让学生带着问题进行学习。

问题情境也属于刺激条件的一种，是为了达到在教学开始时吸引学生、引发其注意，从而激起其情境兴趣的目的。另外，虽然强调了在教学开始创设情境以吸引学生，但情境的创设不局限于教学的开始，在教学过程中也可使用，以强化对学生的刺激。关于具体到每堂课的教学中如何创设问题情境，教学者可自行进行探究，此处重点是要指出创设问题情境在整个物理兴趣培养过程中的作用，先声夺人，开场便抓住学生的注意，并通过进一步的引导以引发学生的求知欲，以促进情境兴趣的发展。

（二）对学生刺激的加深：刺激物的使用和教学激情

能够对学生进行刺激，继而引发学生注意的材料都属于刺激物，如图片、视频、动态图、文本、真实实验展示、虚拟实验展示、虚拟现场场景等。学生每天都在被大量信息轰炸，不可能无限期地保持注意，研究显示，通常情况下，大脑会过滤掉 98% 的输入信息。具有生动、鲜明、连贯等特征的刺激物更容易引起学生的注意，从而激发学生的情境兴趣。所以，对情境兴趣的激发可以从刺激物入手。刺激物的使用和问题情境的创设有相似，又有所不同。创设问题情境不一定需要刺激物，刺激物也不一定能够创设问题情境。两者各自独立，所以将刺激物与问题情境分开来讨论。问题情境的创设起到开场吸引学生的作用，刺激物在开场后起到不间断刺激学生，从而使其情境兴趣始终被激发的作用。

刺激物的使用按间隔投放原则，以便起到补充刺激的效果。创设的问题情境不会整堂课抓住学生注意，随着问题情境的消失，学生很容易又发生注意力不集中的现象，从而情境兴趣消退。所以在此时再投放刺激物，抓回学生的注意力，整堂课都按这个原则进行，时不时刺激学生一下，保证其整堂课都能集中精力，被教学内容吸引。刺激物的投放不宜过于密集，如果在课堂教学早期全部投放的话，后期教学效果就不好了，情境兴趣又衰退下去了，所以要采用间隔投放刺激物的方式。

第一，刺激物的使用：视频、图片、动图、虚拟现实场景。

第二，刺激物的使用：真实实验、仿真实验、实物展示。例如，在讲弹力时，为使学生理解微小形变，可用这样一个实验：用一个玻璃瓶和一根细玻璃管，玻璃瓶装蓝墨水，用手按压玻璃瓶，细玻璃管中墨水柱上升。刺激学生惊叹的同时，帮助学生建立直观印象，甚至进一步引导的话，引起学生的探究欲望。这样其情境兴趣便能得激发，乃至发展。

该实验的特点是易于学生重复操作，相比较利用桌面显示微小形变的实验更具优越性，学生可在课后自行寻找实验材料再次进行该实验。

在交流电的教学中，可以为学生提供了手摇发电机实物；光学的教学中，使用了三棱镜和双缝干涉装置，让学生自己操作，并且要求学生观察灯光的闪烁，以及透过笔缝来观察单缝衍射（彩色光）；讲分子间作用力时可以用作两个铅块间的实验；讲圆周运动时用装满水的塑料瓶演示；讲气体扩散时可以喷洒一些香水；讲振动时可以让学生自己用尺子感受长短与振动频率的关系；讲支持力时让学生自己用直立的书顶住一块橡皮快速运动发现橡皮未下落等。

第三，刺激物的使用：文本。加入了关于细节描写和奇闻轶事的教材更能有效地激发学生的兴趣，并能提高记忆效果。但普通教师并不能够对教材内容作出变动，所以可以在PPT 的制作，以及在印发给学生的材料上入手。在有文字叙述的部分改变平淡无奇的语气，使之更具有趣味性；并加入和物理相关的奇闻轶事、一些奇妙的物理现象等的描写，抓住学生注意，激发其情境兴趣。

第四，教学激情。教学活动是教师教与学生学的双边活动，如果教师自身都缺乏对教科目的兴趣，以死气沉沉的方式进行教学，也很难感染学生产生对该学科的兴趣。教师的教学兴趣是指教师与教学情境中的各要素相互作用而形成的对于教学过程、教学内容、学生和教学效果的定向反射，也即教师教的兴趣，与学生学的兴趣相对应。

教师可以通过自身的情感表现间接地去影响学生的兴趣，一位学者曾说过："教学就是教学者内心深处的快乐和人们对知识渴望的交会之处。"故而教师在教学中应当拥有教学激情，即对教学产生一种情感上的投入，以达到感染学生的效果。教师讲课的语调应该是充满激情，诙谐幽默的，并要有着丰富的肢体语言，以增加对学生听觉和视觉的吸引力，实现更强的刺激，吸引学生对自己的关注。但授课时语速不要太快，不要太密集，以免造成学生思维跟不上而感到疲惫，学生难理解或不清楚的地方要反复讲解，免得学生此处跟不上，往后课程处处跟不上。如果授课时死气沉沉、肢体呆滞，学生容易发生走神、打瞌睡等现象。为了放大教师的声音以更好地吸引同学的注意力，可以使用扬声器。为了达到风趣幽默的效果，教师可以在课下时间设计或找寻一些和教学相关的有趣例子或者段子，平时也要注意加强自己的幽默感。总之，要对自身进行训练，展现出教学的激情，以达到吸引学生注意的目的，通过感染的方式，促进学生的学习兴趣。

（三）学生投入的加深：小组讨论和师生互动

学习方式的正确选择尤其是合作学习这种方式能成功刺激学生的情境兴趣，并使其得到保持。学生对学习活动的兴趣可导向对学习内容的兴趣，比如有的学生会反映"想上学"，但"不想读书"，这便是对学习活动而非学习内容感兴趣。学生喜欢与同学交流、互动这种学习形式，而非内容。但如果采用恰当的方式，充分调动学生使自身充分参与到课堂中，参与进对知识的学习与对内容的探究中，就会收获到探索新知的愉悦感，也会激起学生的情境兴趣，这是促进学生真正参与是激发其情境兴趣的关键。

1. 布置探究任务，引导学生进行小组讨论和合作学习

如果只是教师单方面讲授的话，学生很可能没有在听，或许是因为听不懂，就算听懂了，思维也不活跃。但如果调动学生参与，学生思维就会变得活跃起来，注意力也会更加集中。所以教学一定要变得"和学生有关"，调动学生的参与度，使其全身心参与进来，

以取得更好的效果。若是学生总是处于被动学习当中，每天按教师要求的按部就班、疲于应付地学习，很难会产生兴趣，更无论核心素养，对所学的知识也难以拥有深刻的理解。所以，要尊重学生个体，重视其能力，充分开发其潜能，才能使学生得到更好的发展。不能采用教师主导一切的方式，要增强学生的主体地位。从本质上讲，学习是学生自发的事情，引导学生进行自主学习、自主探究符合这一本质要求。

可以通过布置探究任务，让学生通过小组合作等方式对某个问题进行探究，如对于牛顿第一定律，先提出亚里士多德的观点，可以让学生组成正反双方进行辩论，并尽量用日常生活中的事实来佐证自己的观点，最后，引导学生进行推理。提高学生参与深度，让生生之间互相感染、竞争、讨论、思考。积极地开发学生潜力，大家互帮互助，不懂的地方相互讨论，有助于培养起学生的合作精神、团队精神，调动起其积极性，促进其独立思维的发展与解决问题能力的发展。使学生更感到轻松自在，有利于更好地发挥其创造性。同时，在探究过程中，其思维一直指向某一特定领域，从而起到了激发和保持学生情境兴趣的效果。

2. 师生互动

教学活动是教师与学生的双边活动，学生的主动学习是发展兴趣的基础，单纯靠教师的讲授难以调动其兴趣，即使产生一些兴趣，也容易很快消失。所以可以通过在教学中与学生互动的方式加深学生的参与深度，赞可夫曾指出"教师在课堂上不可以把儿童应当感知和记住的某些结论强加给他们，凡是儿童自己能够理解和感受的一切，都应当让他们自己去理解和感受"。在教学工作中，要充分重视学生主体作用的发挥，提倡师生互动、生生互动的多向作用方式，突出学生自主学习的能力，促使学生更深地参与到学习中来。

在具体方式上，教师不能一直站在讲台上，要经常性地走到同学们中间，与尽可能多的同学进行语言或眼神的互动与交流，尽量调动起每一个人。多向学生进行提问，鼓励学生回答问题，同时，要营造轻松的氛围，避免学生因害怕受到提问而产生的紧张情绪，多鼓励学生，让学生敢讲、敢问，切不可说"这都不会，我不是讲了很多遍了吗"之类的话语。如果教师使用PPT的话，可以使用激光翻页笔，这样就不必被鼠标束缚在讲台上。在具体的教学内容上，比如讲到偶然误差的时候，可以请多位同学上台测量一根长度为10厘米的铁棒，观察策略结果，并让其讨论怎样测量最精确，引出"多次测量取平均值"的测量方法。总之，要充分地与学生进行互动，加大学生的参与深度，以达到刺激其情境兴趣产生的目的。

二、情境兴趣保持阶段的策略

学习兴趣进一步发展的特点使学生摆脱了事物的表面现象，朝着揭示事物本质的方向演化，认知倾向开始转化为求知欲望。通过参与有意义的活动可以促使学生保持被激起的情境兴趣。仅仅是引发学生注意，不足以使其形成情境兴趣，只能说是初步激发，比如有的学生喜欢看教师做实验或看图片、看视频等，但只是喜欢看热闹，或是喜欢做实验只是喜欢操作本身，当看完热闹或完成操作后兴趣便消失了，并没有进一步探究的欲望，这时其兴趣只是发展到第一阶段便消失了，所以并不能简单地认为做实验、看视频或组织学生活动等方式引起的学生注意或活跃便是真正引起学生兴趣了，更重要的工作是帮助学生认识到知识的价值，帮助其进行意义性的建构，引导学生探究物理现象背后的原因。

（一）前阶段措施基础上的继续挖掘——引导学生进行探究

某种措施的作用从来都不是单一的，比如前面提到的问题情境、刺激物、促进学生更深投入的学习方式等，对促进兴趣的继续发展也会起到作用，所以前面的措施继续采用，然后在此基础上继续前进。如在图片、视频等播放后，或实验等进行之后，引导学生问几个为什么，积极思考这背后的原因，防止停留在看热闹的层次上。又如物块从同一轨道同样高度滑下，经过粗糙木板、较光滑平面和铺有毛巾的木板运动了不同的距离。仅仅向学生展示它是不够的，这仅起到了刺激物的作用，引起学生的探究欲望，才起到保持情境兴趣的作用，所以也不能直接将结论告诉学生，必须敦促学生积极思考，或进行小组讨论，让学生有时间思考并鼓励他们表达自己的意见。促使学生能真正进行思考，并积极参与进去，不再是局外人、旁观者，这就是在前段措施基础上的深入探究。

（二）意义性的建构——物理知识在生活实际中的应用

为了帮助学生更深刻地体会物理的价值与意义，以促进情境兴趣的保持。一可以用物理知识和生活现象联系起来，用以解释生活现象；二可以将物理知识进行生活应用。此处和前面所讲的创设物理情境有相同也有不同，因为并不是所有与生活有关的物理知识都适合创设问题情境，有些直接拿来讲述更好，比如大雪天很安静，直接告诉学生更好，因为新下的雪的松散、多孔结构可以使声波在里面多次反射，从而减小声音。如果创设情境引导学生思考的话，其实学生很难想到，所以类似的知识直接讲更好，这就是与前面所讲的问题情境创设之间的区别。

如果教师能帮助学生自己发现意义或兴趣客体与自身的关系，帮助学生理解所学知识的价值，便可以保持被激发的情境兴趣。前面所讲的创设物理情境是为了引入，激发情境兴趣，这里所说的是将物理知识应用到现实生活中，以便学生能够理解物理知识与自身之间的密切关系。有位数学老师曾说过："我发誓，在这个课堂上，我永远不会让你们学任何东西，除非我能向你们讲清它在现实世界中的实际用途。"其实物理教学也是如此，物理不仅仅停留在黑板上、实验室里，也不仅仅是课本上的公式或纸面上的习题，而存在于日常生活中的每个角落中，对物理的学习和理解，不仅仅需要一定的知识储备，更需要和日常生活实际的大量结合。

比如在长跑比赛的时候，在终点处的计时员是以看到发令枪冒出的烟来开始计时的，而不是听到枪响就开始计时，这就说明了光的传播速度大于声音。同样的，在雨天先看到闪电后听到雷声也能说明这个道理。放在衣柜里的樟脑丸时间长了会变小，说明了物质的升华；冬天戴眼镜进入教室眼镜会变得模糊不清，是因为水蒸气的液化。我们能用吸管喝汽水是因为大气压强和管内压强存在一个压强差等，这些和实际相关的例子都能很好地和学生实际建构起联系，帮助学生体会物理的意义性。有的老师在讲到电的相关知识时，用水果电池来做实验而不是原来经常采用的蓄电池，这就能很好地刺激学生，集中学生注意，原来这也能发电，从而更好地促使学生真正去了解电池的原理，进一步去探究电动势的概念，探究欲望一产生，兴趣就进入第二个阶段了，对物理的理解也不仅仅限于枯燥的电子器件，而是和生活联系到了一起，使之成为有趣的东西，能够学以致用。

情境兴趣的保持离不开大量的实际应用。学习物理最好的状态并不是时时刻刻提醒自己"我要努力学物理"，而是将学物理和生活融合起来，将其作为解释现象的指南和日常生活的工具。不仅和自身建立关联，更通过应用来强化兴趣的。正如学习英语的最佳方式是在一个以英语为母语的语言环境中进行应用，学习物理也是一样的道理，学以致用，知行合一，在与生活的密切结合中促进物理的学习与兴趣的发展，将物理的学习真正变得生动而富有活力。

(三) 意义性的建构：物理知识和社会发展的结合

不仅要将物理教学和生活结合起来，也要将物理教学和现代社会发展结合起来，科学技术对人类发展的促进作用，也是帮助学生认识物理意义性的有效方式。如有了电磁学的发展才推动人类进入电气化时代；万有引力定律的提出为人类进入宇航时代打下基础；量子力学的发展促进了高科技的发展，如当前手机电脑等芯片的制造、激光和核能的应用都离不开量子力学。也可以让同学们体会到物理知识在其未来工作中的应用，如在医学上可以利用激光代替手术刀切除病变组织，其具有简便可行、时间快、流血少、不会引起细菌感染等优点，利用激光可进行精细的眼科手术，不会伤及其他部位，可用于焊接视网膜脱落，切除眼底管瘤等。学好透镜成像可以以后开一家眼镜店，至少配眼镜时也不再糊涂，使学生更深刻地体会到物理的用途，认知到物理学的价值。

比如，要想科技自立，要想搞好科技发展，就必须学好物理，这也体现出了学好物理是非常有必要和有价值的。现代科技的发展给物理学的进一步研究提供了必要的技术手段，科学发展和社会进步之间的关系密不可分，两者是相互作用的。牛顿的经典力学的确立和热力学发展对促进第一次工业革命的广泛开展提供了极大的助力。电磁现象的研究和经典电磁理论的突破，推动了第二次工业革命的发展。而以量子力学为代表的物理学革命，也推动着第三次工业革命的发生。就这样，科学的发展，一步一步改变着世界的面貌，造就了我们今天的生活。如果学生能体会物理学在人类社会发展中起到了如此重要的作用，想必对物理会建立一个新的看法，原本枯燥无味的东西，也会变得和蔼可亲，充斥着伟大的力量。了解到物理学对人类社会发展的积极作用，就会对学习物理的意义产生一个深刻的认识。结合其他现代科技与人类文明之间关系的渗透，能更好地培养起学生对社会的关怀，对大自然的热爱，以及对人类命运的关注，我们的教学也就上升了一个层次，对物理学习兴趣的培养，也就初步达成了。

(四) 兴趣的巩固——课下练习的继续巩固

作业的设置是一门学问，也是培养物理学习兴趣很重要的环节，不能够将兴趣的培养局限于课堂上，一到教学结束情境兴趣又消散了。在作业的设计上，也要能够达到促进情境兴趣保持的目的，在作业内容、难度和质量上要精选，避免低效的题海战术，并采用与生活结合的作业题目形式，或者说是接近原始物理问题的习题设置，以及充分使用刺激物的习题设置，印发给学生的习题中可以加入趣味性文本。也可以布置探究性作业，开放式的作业，例如学习电功后，让学生回去后调查自己的用电情况，详细对各种电器做出分析，并写出怎样可以节能。让学生带着问题自己去查找资料，寻找答案，引发学生积极探究，从而达到保持情境兴趣的目的。并提出对下节课的预习要求，加入少量低难度的预习性作业，促进学生继续探索新知。作业和考试这是刺激学生获得成就感的主要方式，也是推进情境兴趣向个体兴趣演进的基础，是衔接两个阶段的主要一环。

第三节　物理学习中学生的个体兴趣培养策略

一、个体兴趣萌发阶段的策略

在情境兴趣产生的基础上，个体开始产生对问题进行探究的欲望，通过探究才会产生知识、价值与积极情感的积累，才具有了向个体兴趣发展的可能。情境兴趣的长期影响也可以促使个体对情境兴趣发生认同，并成为个体的心理倾向或偏好，所以说情境兴趣是个体兴趣产生的基础，对学生个体兴趣的培养也要在情境兴趣产生的基础上进行。

情境兴趣向个体兴趣演化的主要障碍，便是探索过程中"困难区"的存在。故而，这一阶段，教师所能施加的主要措施便是帮助学生突破"困难区"、打通正向反馈循环，促使学生的知识、价值、积极情感体验不断积累，随着对物理学习价值、对知识价值认识的不断加深，尤其是包括成就感在内的积极情感体验不断积累，最终由量变的积累达到质变的转化，让情境兴趣进化成为个体兴趣，这也是学生兴趣发展的关键一步。如大量学生所提到的"学会了就有兴趣，学不会就没有兴趣"，成功或失败经验是决定兴趣能否继续发展的关键。成就体验可以促使学生持续投入时间、精力，使兴趣进一步发展并稳定。形成积极的反馈循环，使兴趣稳步增长。相反，持续的挫败会削弱学生的兴趣。所以教师应当做的是，帮助学生建立起正向反馈循环，激发学生的成就体验和积极的情感体验。

新兴的个体兴趣需要一些外部支持来突破"困难区"，建立起正向反馈循环。支持的方法有很多，如情感支持，首先要给学生以温暖和关爱，其次可以通过教师对学生的励志，或提供榜样，或以别人的励志故事、克服困难成功的经历来鼓舞学生，激发其解决困难的斗志。但是励志的手段要谨慎使用，防止发生学生努力后没有收获，从而更加自我否定的现象发生。所以，在励志同时，也要在知识和学习方法上积极为学生提供帮助，鼓励学生有困难及时找教师寻求帮助，甚至可以单独辅导的方式，不仅更有针对性地帮助其克服困难，也使学生感受到温暖，帮助其更加坚定学好物理的想法。具体的措施如下。

（一）前阶段策略的持续使用

即使是前阶段的情境兴趣，依然具有不稳定性，其稳定只是相对于激发阶段而言，虽不像激发阶段的情境兴趣那样容易消退，但可能会发生这节课培养起的情境兴趣下节课又消退的现象，这样个体便缺乏对问题进行探究的欲望，便不会带来知识、价值和积极情感体验的积累，也就无从谈起个体兴趣的建立。所以情境兴趣培养阶段的策略还需持续地使用，以不断刺激个体的探究欲望，使个体能够来到"困难区"面前，在教师支持之下不断进行突破，在不断地突破之下，达成知识、价值和积极情感体验的不断积累，最终促使情境兴趣进化成个体兴趣。

（二）方法支持与知识支持

1. 方法支持之任务编码策略（以错题本的使用为例）

错题本只是外在形式，通过任务编码的方式，将任务以在错题本上不断积累习题数目的形式呈现，将学生注意力转移向对标号形式下习题的整理，这种形式是可量化、可观察、能够及时收到正反馈的，在教师的肯定之下，其正反馈效应会加强，即自我正反馈和来自教师的正反馈一同指向个体，从而促进其兴趣的加强。这种形式也给出了学生努力的方向，使其不至于漫无目的地努力，按标号进行的习题整理只是外在形式，其内核是通过这种形式帮助学生进行知识、价值和积极情感的积累。学生认真整理错题，并在形式上达到完美，通过欣赏自身整理的作品，便会收获整理形式上的自我正反馈，在注明错误点及相关知识点之后，会对物理知识更加熟悉、加深认识，这时会收到来自知识上的正反馈。这样，像集邮一样，以一种容易量化和外显的形式，促使学生不断收到即时正反馈，从而帮助其获得包括成就感在内的积极情感体验，促进兴趣的进一步发展。

（1）整理错题本的意义

第一，通过对错题的剖析，学生更深刻的认识自己的错误、深化对物理知识的理解。

第二，可以帮助学生日后针对自己的弱点做有针对性地复习，因为同样的错误容易反复发生，这实际上就是知识或思维上的漏洞没有完善，并非不谨慎等表面原因。

第三，错题本可以帮助学生更好地发挥卷子和习题集的价值，督促其整理，不至于让习题集或卷子做完之后就成为一堆废纸。

第四，认真而有条理地整理错题可以帮助学生获得一种物理学习上的成就感，整理错题的多少和质量是明显可以量化的，认真整理的错题越多，成就感越强烈，而且整理过程中会伴随着对物理知识的再度且更深入的认识，也会激发学生成就感，从而促进其兴趣的增长。

（2）错题本整理过程中常见的问题

第一，学生将整理错题本当成额外负担，以应付公事的态度整理，起不到应有效果。

第二，大量地抄题造成一些不必要的负担，引起学生疲惫与反感，也降低了错题本的载入效率与学生整理错题本的积极性。

第三，错题整理的过多。俗话说，过犹不及，过多的错题整理量反而会证明该生没有用心反思，将过多精力放在了整理的形式上，如果该生用心反思了，就不会一错再错，整理的错题数量就不会过多。对这样的学生进行检测，往往会发现整理的题的要点分析不明确，再令学生重复做错题也做不对的情况，这种"勤奋"是流于形式的，学生没有领悟错题本的精髓所在。

（3）教师如何引导学生使用错题本

第一，清楚、明白、反复地向学生强调错题本的意义，防止学生把它当成一种为了应付老师的额外负担，通过反复的思想工作，强化学生对其意义的思想认识。

第二，教给学生整理方法，并以身作则，整理一个错题本给学生做示范（同时也是收集学生的易错题型），对错题的整理只需要将原题裁剪，贴在错题本上，然后写出该题要点、错误点或对应的知识、思维漏洞即可，提高效率。思考一下这个题的要点在哪里？和别的题有何异同？是否存在更优的解决办法？多数学生都不会认真查看、反思以前的习题本或卷子，过多的存留没有意义，不仅数量巨大、也不会发挥其帮助学生学习的价值，只会变成一堆废纸，将其裁剪整理反而能真正督促学生对其加以利用，发挥其价值。

第三，以鼓励、诱导并督促的方式引导学生整理错题本。初始阶段令所有同学整理并上交错题本，对整理过程中出现的种种问题进行批示，并对优秀者、进步者进行表扬。对于态度消极者，比如不整理、敷衍的学生，找其谈话或写批示劝告，讲清整理本子的意义，甚至可以赠予其笔记本，让他们感受到教师对他们的关心，促进其认真整理。这样是为了督促学生，促使其体会到错题本的优越性，学到整理方法，并拥有一个错题本，以便于后期自我整理。但强制推广的方式需要在师生关系良好，学生对教师较为信服的情况下进行，并配合意义与整理方法的宣讲，以避免错题本的整理成为学生应付公事的差事，也为避免非强制情况下学生的懈怠。后期逐渐放松，促进学生整理的自主性。

总之，通过错题本的整理这种形式，促使学生通过量化自己的工作及时收到正反馈，并促进学生知识、价值与积极情感的积累，从而促进兴趣的发展。

2. 方法支持之任务驱动策略（以计划表的使用为例）

教师可以指导学生制定计划表并进行任务驱动型的学习，其实就是教给学生目标设定的策略，以便学生能够监控和调整自身的学习行为。国外学者研究指出，学习目标必须非常明确、具体，直接教给学生如何制定有效而切实可行的计划，是一项意义重大的教学策略。

3. 方法支持之任务拆解策略

对"困难区"的突破可采用将其拆解成小的困难区逐个击破的方法。当学生在学习中遇到困难时，可将这种思想方法传授给学生，教导学生"天下之大事必作于细，天下之难事必作于易"的道理，把大的问题拆分成许多个小的问题逐个攻破。

在学习物理的过程当中，无论看起来多么难的地方，都可以分成很多小的知识点，然后可以逐个解决。在问题解决的过程中，促进学生的成就感和自我效能的提升，从而促进兴趣水平的提升。

4. 知识支持

实际上教师教学的过程，就是一个知识支持的过程，简单来说就是教给学生知识，但这里所强调的是正常教学之外的知识支持。由于学生的水平参差不齐，正常的课堂教学过程并不能使每个学生都达到对知识的良好掌握或深入理解。

学生在度过"困难区"的过程中，总会有一些知识上的缺陷导致了度过"困难区"的困难，这时需要对学生进行另外的知识支持。简单来说，就是有针对性地对学生知识上的薄弱环节进行讲解，哪里不会补哪里。为此，教师在教学中可以通过课堂提问、观察学生反应以及对学生作业、试卷的观察，发现其知识薄弱环节，对其进行强化补充。同时，也要鼓励学生多问问题，学生问问题好过不问问题，问题存在却不去解决才是最危险的，不可采取打击、嘲笑，或是"这个问题我讲了很多遍，你怎么还不会"的态度，不给学生的提问制造压力，学生问再简单的问题都应该和颜悦色地予以回答，使学生感到亲切和关怀，同时从正向上对爱提问的学生进行表扬，树立起鼓励提问的氛围，从而更好地进行对学生的知识支持，促进其学习上的突破。

另外，要采用良好的信息呈现方式，如思维导图＋文字体系的知识体系的呈现方式，从而促进学生对知识的牢固掌握，这也是知识支持的一种。只注重知识传授的系统性而不重兴趣和只注重兴趣而不注重知识系统性的两个极端都不可取。如果单纯进行知识的讲授而忽视兴趣调动的话，会产生学生听不进去，或认真听也会疲惫、效率低下的问题；如果单纯侧重于兴趣的培养而忽视知识的系统传授的话，就会发生大幅度的教学偏离，如教师把物理学的奇闻轶事、生活中的物理等天南海北地讲了一通，使用了各种多媒体素材、实验器材，但本节课的重难点却没有突出，知识体系没有建立，学生听的倒是饶有兴致，但不会有所收获，也不利于激发学生的成就感，这样的教学不会给学生带来真正的收获。我们既不能把课堂搞得死气沉沉，也不能把课堂搞成故事会、杂技表演，以至于喧宾夺主。手段为目的服务，最核心的东西不能丢，课堂要做到条理清晰、重难点突出，教师授课时要特别注意。在课堂教学后期，可以使用思维导图，将知识结构化，把这节课的知识形成一个思维导图，并可将新知识与旧知识一起形成一个更大的思维导图，将知识组成层级结构，有助学生抓住知识的脉络。让学生感到有所收获，增强学生获得感、满足感和成就感，支持促进学生知识的增长，随着知识的不断增长和价值与积极情感体验的不断增长，共同促进了情境兴趣向个体兴趣由量变向质变的演化。

（三）情感支持与意义支持

1. 情感支持之肯定与积极心理暗示

教师对学生进行肯定是对其进行正向反馈的一种方式，有助于其积极情感的积累，从而促进兴趣的发展。相关研究也表明了肯定手段的效果，如国外学者的研究表明，当教师运用"密集而准确无误"的表扬作为教学手段，并用它来增强学生对自己有能力完成特定任务的信念时，一个平常成绩在50%的学生便能够前进到百分之77%。教师要善于发现学生的优点和进步，抱着欣赏的眼光去看待学生，在这种心态所作出的对学生的鼓励与肯定才会显得真诚，才能起到更好的效果。对学生机械而刻意的肯定不会使学生产生积极情绪，反而会导致学生产生很多别的想法，比如是不是老师对谁都这样进行虚伪的廉价表扬，或是产生是不是因为自己不行老师才刻意鼓励我之类的想法，这样反而会导致负面效果。所以对学生进行肯定的第一原则是真诚，真诚的心才会有真诚的表现，才能起到相应的教育影响。

笼统的反馈对学习的积极影响微乎其微，明确的反馈才能起到效果。在肯定学生的具体话语上，不能光说"好""不错""厉害"等话语，必须针对学生的闪光点，指向要具体而明确，比如"你们小组刚才对ＸＸ进行的讨论非常好""你在计算过程中用到的ＸＸ方法很好""你这个想法很有价值，某某科学家也是这么想的""你这个问题很有想法，思维很活跃啊""你这次考得不错，很有进步，继续努力""你的错题本整理得不错，干净整齐，要点点出得当，像艺术品一样""我发现你很有潜力，比我当年做的还好"等。对待学生的进步哪怕只有一点进步也要放大及时予以鼓励，且鼓励一定要巧妙自然，避免被学生认为刻意鼓励而失去效果，比如在学生正确回答问题后，对其进行肯定，或是让某位同学讲一道他能做出来的题，然后对其进行表扬和肯定，这样他的积极情感体验就会增加，投入学习也会更积极。对学生进行肯定的方式也不仅局限于口头，在作业、试卷上写评语也是肯定学生的一种方式。肯定是为了使学生追求自我认同的情感得到满足，是一种对学生进行正反馈的方式，教师如果不给予正反馈或给予负反馈，容易降低其积极情感体验的积累，从而对兴趣的发展产生负面影响。

对学生进行积极心理暗示和对学生进行肯定之间有很多共同点，对学生进行肯定是对其现有行为表现进行肯定，对学生进行积极心理暗示是使学生相信自己的能力，但两者往往交织在一起，所以放在一起进行论述。对学生进行积极心理暗示，著名的莫过于教师期望效应，该效应是指人们基于对某种情境的知觉而形成的期望或预言，会使该情境产生适应这一期望或预言的效应。教师期望效应蕴含着人本主义的思想，按照人本主义的观点、每个学生身上都普遍存在着一种内隐的力量，都有积极向上的要求，自我完善的愿望，这种潜质一旦被教师的期待和爱心激发，就会产生巨大的力量。该效应由美国心理学家罗森塔尔（RobertRosenthal）提出，罗森塔尔在考察某学校的时候，随意从每班抽出 3 名学生共 18 人写在一张纸上，告诉校长这些人都是具有很大发展前途的人才。再过半年来到这个学校，发现这 18 个人确实超出一般学生，进步很大，再后来这 18 个人在不同的岗位上都干出了非凡的成绩。这说明教师对学生的期望和对学生一种积极的心理暗示对学生的成长而言是十分重要的，能起到一个很大的作用。威格菲尔德（Wigfield）的研究表明，教师对学生学习的期望是预测学生学业成就的重要因素之一，如果学生认为自己有能力成功，并看重学业的成功，两者结合起来预测学生的学业成就比用学生真实能力去预测更加准确。在积极心理暗示的诱导下，学生不断地采取相应措施去增强自我，在认知、情感等都增强的情况下，兴趣相应增强。

教师应当树立学生的动态发展观，不能只看到学生现阶段的表现，而建立起对学生的刻板印象，每个学生都处在动态的发展变化中，可塑性很大，作为教师应该时刻提醒自己，要用发展和变化的眼光去看待学生。陶行知说："你的教鞭下有瓦特，你的冷眼里有牛顿，你的讥笑里有爱迪生。"不能以学生一时之表现对其进行定论，产生偏见，应当看到学生发展的潜力。

例如，有位学生在听完相对论的一些拓展性讲解后，自己去查阅资料，还声称要自行将相对论的公式推导了出来，该生具体如何推导，或是否真的推导出公式，都不重要，重要的是通过教师及时对该生表示了惊叹和夸奖，从此引发了该生学习物理的自信，潜意识当中对自身的定位也开始提高，在没有教师带领的情况下，也会自行展开学习。人对自己的定位是非常重要的，对自己有着怎样的定位，就会促使自身向该定位的方向演化，对学生的积极心理暗示，对其知识、能力等的增长都起到了促进作用，当然也同时促进其兴趣的增长。

2. 情感支持之消除畏难心理（思想支持）

面对困难，学生很容易产生一种畏难心理，从而逃避困难，而不去突破"困难区"的话，学生的水平便不会增长，正反馈也不会发生，兴趣也不会增长。所以教师帮助学生消除畏难心理，妥善处理学生在物理学习过程当中出现的挫败感和焦虑情绪。学生在学习物理的最初阶段，由于暂时的学习困难或是被看似困难的表象吓住，容易产生焦虑和自我怀疑，教师此时应对学生进行开导帮助其消除畏难心理，告诉学生眼前的困难都是纸老虎，只是形式复杂，本质却很简单，物理是一门比其他科目简单的科目，知识点不多，只要能够灵活运用，学起来并不困难。如有的学生在刚学习平抛运动时存在恐惧心理，面对曲线形式的运动时感到没有头绪，这时教师要积极引导学生走向化曲为直的道路，将曲线运动分解为直线运动来解决。在学习匀强磁场中带电粒子的运动时告诉学生这其实是圆周运动的内容，只是向心力改为由磁洛仑兹力来充当，在学习电场中带电粒子的运动也是如此，把学生不熟悉的东西向熟悉的东西靠拢，既可以促进有意义学习的发生（指新的知识和学习者认知结构已有的适当概念建立起的实质的非人为的联系），又可以促进学生知识网络的形成。在学习中就可以消除不确定感和对未知的恐惧。另外，还有学生认为自己数学不好物理一定学不好，这时教师对其心理引导帮其消除这种想法就显得很重要。教师在教学中还是避免宣扬类似男生物理天赋强于女生这种思想，以免造成女生对物理学习的自我否定和畏惧心理。

帮助学生认识到"困难区"的存在也是很重要的，往往越到后期，对困难的解决就越为轻松，让学生看到光明的前景，给学生解决问题、克服困难的信心。通过对学生畏难心理的消除，从而促使学生更好地度过"困难区"，促进正向反馈的发生。

3. 情感支持之励志

励志的作用是激起学生的斗志，使学生在情感上有突破困难的勇气。例如，学校时常进行的誓师大会、墙上的标语、下午上课前所唱的或学校里播放的励志歌曲、跑操时喊的口号、班主任召开的鼓励学生奋斗的主题班会等，都属于励志的范畴。但如果不配合其他手段，励志所带来的努力往往不会长久，正向反馈与成就感才是维持努力的核心动因，成就动机理论指出了过高的动机会带来更差的学习效果，当学生努力过后没有成果，学生兴趣反而会发生削弱。所以励志手段的使用必须配合其他手段，如前面讲到的知识支持、方法支持等各种手段，帮助学生突破"困难区"，建立正反馈。对学生的励志切记不能本末倒置，上升到"唯意志论"的层次，将意志作为学习成功的主因，能坚持学习的学生更多的是因为体验了成功的快感，沉浸其中，不能简单认为该学生只是勤奋，只有苦没有乐，谁也坚持不下去，既不能否认学习中意志的作用，也不能夸大其作用，意志的作用是突破学习"困难区"的情感辅助，真正帮助学生维持学习行为的是成就体验。就算学生一时斗志昂扬，但得不到成就体验的话，激情会很快消退，这时，学生就会否定努力的意义并进行自我否定，会更加逃避甚至自暴自弃，从而起到反效果。所以，励志手段仅作为帮助学生突破"困难区"，建立成就感的一种辅助手段，不可作为主要手段使用，而且要谨慎使用，配合其他手段一并使用，避免不必要的后果。

4. 情感支持之榜样

榜样和励志有所相同，又有所不同，榜样更进一步地以一个真实个体的形式发挥对学生的情感支持与引领作用，不仅起到激励学生的作用，更能带给学生一种人格、精神上的熏陶，给学生提供了一个能够真实效仿的对象，一个引领的标杆。

5. 情感支持之积极归因

根据韦纳（B. Weiner）的成败归因理论，学生对自己成功或失败的归因是非常重要的，这直接影响着自我认知及以后的行为，影响了学生对待困难的态度，以及对"困难区"的突破。所以要引导学生进行一种积极的归因，例如有的学生总是觉得自己智商有问题，很努力了也学不会物理，这时候就要引导其做学习方法的归因，而不是对自身能力的归因。韦纳也认为，教育和培训将使人在成就方面发生激励变化并促进激励发展，培训的重点是教育人们相信努力与不努力大不一样。在此，积极的归因可以帮助学生树立信心。

很多学生将做题时犯的错误归因到粗心，而不去认真反思思维上的漏洞或知识上的缺陷，这时候也需要教师引导学生做一个学习方法或思维漏洞上的归因，帮助学生正视自身的不足，从而进行弥补，达到更完善的学习境地。同时也要培养学生严肃认真的态度。在此，积极的归因可以促使学生学习方法和态度的完善。

同时，教师也应当避免对学生的过度斥责，尤其是对其能力的否定，不将学习中的困难归因于学生的自身能力，以免引起学生的自我否认与自我效能的降低，这不利于学生的学习行为的维持与努力的发生。总之，教师应该帮助学生做好归因，以使其更好地度过学习的"困难区"。

6. 意义支持

帮助学生认识学习的意义也是促使其积极学习的有效办法，对学习意义的认知分为外部意义和内部意义。在作业和考试的压力下，学生经常性会产生一种学习是为了应付教师的错觉，这样很容易导致学习的懈怠等诸多问题。所以要不断地给学生灌输学习是为了自己的意识，从外部意义的角度来讲，可以列举实例，告诉学生不好好学习没有一个好未来，好好学习可以有一个更高的平台，走得更高、看得更远等，总之就是可以通过学习谋求一个更好的未来。从内部意义的角度来讲，告诉学生学习可以陶冶情操、升华自我，物理的学习是一项伟大的工作，具有崇高的价值等，培养学生超越性的情操，其中对内部意义挖掘的扩大化，便是升华个体兴趣的方式。

（四）正向压力的使用与"困难区"的调控

1. 正向压力的使用

有学者在研究中发现了这样的现象：个体起初并不对某项事物感兴趣，经强迫投入这一活动中，投入大量的时间和精力后，对该事物发生了兴趣。很多学生是因为心理惰性不去突破"困难区"，而非能力不足，这时候教师需要对其施加适当的正向压力，迫使学生积极进行自我调控，解决问题，可以通过教师的指令、严格的制度、考试压力等来制造迫使学生投入学习的正向压力。

正向压力的使用可以促使学生运用兴趣的自我调控策略，如果学生意识到自身所面临的学习任务是有意义的或必须完成，就会进行自我调控以提高兴趣水平，以维持完成任务所需的兴趣。给学生施加压力需要在师生关系亲密的基础上，且经判断问题的解决在学生能力范围之内，这需要教师对学生情况要有良好的把握，如在师生关系不融洽、问题远超学生水平的情况下进行施压，反而会造成学生对抗心理或获得负反馈，削弱学生兴趣，此时的压力便为负向压力。压力的正确使用可以帮助学生突破"困难区"，促进正反馈的发生，提高学生解决问题的能力，得到知识、方法以及积极情感体验的积累。

2. "困难区"的调控

教学难度的设置要符合学生的最近发展区，难度设置比学生的现有水平要略高一些，使学生能够"跳一跳，够得着"。过于符合学生能力的教学难度设置缺乏挑战性，会使学生感到无味，若难度设置超出了学生的最近发展区，会使其感到无力，进而产生挫败感等消极情绪体验，挫伤其兴趣。所以无论在教学内容，还是习题（包括课上练习题、作业题、考试题）的难度设置上，比其现有水平高出一点即可，以刺激学生成就感等积极情感体验的产生。

有学者也曾做过类似的实验，同时对水平相差很大的 A、B 两班（A 班水平高于 B 班）进行教学，起初 A、B 两班使用同样难度的习题，B 班成绩远差于 A 班，后在 B 班使用偏简单习题，A 班使用原难度习题（但未告知两班同学），两班成绩开始趋同，甚至 B 班超越 A 班，后在全校统一的考试中，B 班该科总成绩第一。这就是调控"难度区"刺激成就感以达到更好学习效果的案例。

很多游戏的设计也体现了通过调控"困难区"、刺激成就感以促进兴趣发展的思想。首先，通过设置简单任务让个体体验快速成长与成就的乐趣，从而促使个体继续体验，然后不断开启新的玩法。通过展示新颖性促使兴趣的进一步加深，继而设置各种成就任务，每完成一项任务便点亮一项成就勋章，一点一点地刺激个体的成就感等积极情感体验，将个体吸引在游戏当中。人之本性，趋乐避苦，且成就感在人的自我认同中也占有非常重要的地位。游戏的设计，充分地满足了人的情感需求，且通过对困难的调控，不断制造对个体的正向反馈，以成就感等积极情感体验来培养玩家兴趣，与兴趣教学的方法高度相似，在无意识中符合了兴趣发展原理，所以其设计思想和方式方法有很多值得借鉴之处，比如可设计出符合学生最近发展区的成就任务清单让学生去完成。

随着人工智能的发展，未来或许可以通过人工智能的方式自动生成符合学生最近发展区的习题设置与任务清单，并随时对学生的情况进行检测，对学生微小的进步进行量化并进行奖励，如学习积分，积分达到一定数值授予"入门新手、起步熟手、智者大师、万卷宗师、博学史诗"等段位称号，通过随时的正反馈刺激学生成就感，并设计同学之间的对比、排名甚至对决，以游戏的方式进行学习。

"困难区"的反向调控可以起到阻断兴趣发展的作用，如过高难度的习题设置等。出于实验伦理的要求以及对学生负责任的态度，没有在实际教学中进行打击学生物理学习兴趣的实验。而采用了"五子棋实验"的方式，选取同龄人为实验对象，进行了相关探究：在本人具有一定的五子棋水平这一前提下，寻找一批五子棋水平不高不低但其总体实力相仿的实验对象，与之对弈。在故意屡次输给对方的实验中，对方没有表现出过多的喜悦而是认为对手水平较低；在有攻有守，偶尔小胜两局，但总体令对方胜利较多的实验中，对方表现出明显的喜悦与继续对弈的愿望；在攻势凌厉，令对方盘盘皆输的实验中，对方从开始的不服气到后期的绝望，失去了继续对弈的兴趣。这便是不同的"困难区"对人兴趣的不同影响，略高于个体现有水平的"困难区"设置，是最能刺激其兴趣发展的。

二、个体兴趣成熟阶段的策略

情感系统在促进个体兴趣深化发展的过程中起着极其重要的作用，随着对物理学科情感的加深以及对物理学科价值认识的加深，个体兴趣最终形成，教师在这个过程中所能起到的作用，就是促进这种深化的进行。由于个体兴趣和个体的心理品质联系到一起，所以其最终形成有一定难度，这涉及价值观的改变。这一阶段，学生已经对物理产生了高度认同，开始将学过的物理理论用来解释或解决实际问题，或付诸实践，甚至搞一些发明创造，并且学生已不满足于自身所储存的物理知识，开始自主探索学习新知识，甚至不满足于现有的物理理论，开始进行自发的想象、创造与探索，此时其个体兴趣便发展到了巩固完善阶段，达到此阶段的学生学习积极性十分高昂，可以克服学习中的种种困难。兴趣发展的过程是一个学生从对某个物理现象背后的原因感兴趣，发展到对普遍的物理规律感兴趣，再到对真理追求的连续过程。由于兴趣的发展是一个连续过程，所以要继续使用前阶段策略，并在此基础之上，通过情感与价值等的深化，充分发挥价值观的影响，以及深入挖掘物理本身的魅力等措施施加影响，促进学生兴趣的进一步发展。

（一）情感与价值的深化：人文精神与价值观的渗透

为了促进学生对物理学情感的深化，并进一步促进学生对物理学价值的认知，可以采用在物理教学中渗透人文精神的方式。人文精神是物理学习兴趣发展到成熟阶段才有的高级情感，人文精神的渗透也会促使已发生个体兴趣的学生的兴趣水平向更高阶段发展。那么何为人文精神呢？其本质上，是爱己、爱人，以及对人类命运的关怀与同情；是对真理的追求，是俯视芸芸众生，仰观苍茫宇宙时一种深沉的使命感；是打破小我，对局限于眼前利益、眼下世俗生活的拓展，是对自我的升华和超越；是知道在这个肉眼所能见的狭小世界之外还有无限的爱与值得追求的存在，即对超越性的追求。科学精神在某种意义上也是人文精神的一种，没有一种对于理想的不懈追求，也就不会有今日科学的发展，科学活动自始至终也贯穿着人文精神。伟大的科学家本身就是科学和人文两者的统一，他们本身也具有良好的人文修养。良好的人文修养可以提升一个人的精神境界，对想象力、创造力以及科学思维能力的发展也有着不可低估的作用。没有未知探索的精神追求，也就没有科技发达的现代社会。

物理学科中也必然包含着人文性，因为大自然本身没有学科，学科的划分是人为的，物理学是人对这个世界进行认知的一种模式、一条道路，物理学本身就是一种人类的文化，所以其中必然蕴含着人的思想情感、理想追求。丧失了人文精神的物理教学，便从"育人"滑向了"制器"。物理学家的精神境界，对真理的不懈追求，以及高尚的道德人格，对学生的人格完善以及理想的树立是很有帮助的。科学是人对这个世界的认识，并不是世界本身。搞明白了这一点，我们就应该知道，科学本身就应当蕴含着充分的人文精神，科学与人文，本就是人类文明的一体两翼。正是科学的这种特点，为物理教学中渗透人文精神提供了前提条件。包含人文精神的物理教学，才是真正培养未来科学家和科研工作者的物理教学。物理学作为人类认识世界的一门学科是有灵魂的，它的灵魂就是物理学的人文精神。科学的灵魂，正是包含在那种对宇宙真理不懈追求的精神之中。没有科学的灵魂，就不可能有科学真正的发展。

所以，教师不应当仅仅将物理知识传授给学生，更应该将物理中所蕴含的人文精神传递给学生，对真理的追求才是物理学能够取得发展的真正的精神源泉。教师不仅是教书匠，也是传道士，担负着传播人类文明的使命，所以自身应当具有这种使命感和情操。教师无须刻意地向学生单独传递这些东西，而是将其融入课堂之中，而且也不需要在物理学习的初期就进行这一步操作，以免引起学生的不解和抵触，而是在时机成熟，学生已经对物理产生一定兴趣时再通过润物无声的方式来向学生进行渗透。

对学生进行人文精神和价值观的渗透，是帮助其最终形成高度发展的个体兴趣的关键。教师可以大量阅读物理学家的传记、语录、逸事等来领会这种精神，感受物理学家的执着与热爱，明确物理就是一门追求真理的学科。明确一个好的物理老师应当是对自己所教学科饱含热爱的，只有这样才能将这种感情传递给学生，不然自己都不热爱自己所任教的学科，也难以将这种感情传递给学生，如果教师自身有了很高的人文素养，这种人文精神与价值观的渗透是自然而然发生的。

物理学史为这种渗透提供了丰富的素材，物理学本来就是在历史上众多科学家的不断探索中发展起来的，物理学的发展史是人类不断追求真理道路上的一部探索史，在这条路上人们不断披荆斩棘、勇往直前，才有了今天的发现，而且还在继续发现着。开普勒（Johannes Kepler）孜孜不倦地研究十六年之久才发现了行星运动三定律，电磁感应现象也是法拉第经过十数年的探索才得出的，这种精神本身就是一种宝贵的人文财富。同时，物理学中蕴含的一整套思维方法也影响着人类社会。哥白尼（Nikolaus Kopernikus）的"日心说"动摇了宗教的权威，牛顿所开创的经典力学也使人类第一次把天上地下的规律联系在一起，使人类面对大自然时，不再畏惧，能够坦然地面对。

物理学家所具有的高尚的人格、思想品德和情操，更是人类精神中一笔宝贵的财富。居里夫人（Marie Curie）对祖国的热爱，在恶劣的实验环境中为了科学事业依然顽强工作的精神，不为名利诱惑将镭的专利贡献给全人类的无私；钱学森放弃国外的优厚的条件，突破重重艰难险阻，毅然回国报效祖国的精神；爱因斯坦（Albert Einstein）一生都为人类的和平事业奔走呼号，对人类的热爱如此等，都是对学生进行思想感染和教育的宝贵财富。

另外，在渗透人文精神的过程中，顺便给学生树立了偶像，帮助学生建立偶像崇拜。偶像对人的思想行为都有引领作用，是学生行为思想的标杆。让学生产生对物理学家的"追星"与崇拜。比如讲授布鲁诺（Giordano Bruno）由于宣扬"日心说"和新的宇宙观，而被教会逮捕。面对死亡的威胁仍不屈服，经过八年的折磨，最终被烧死在罗马鲜花广场上。这无疑对学生是一种很强的感染。追求真理、无畏牺牲的这种理想与情操如果得到了学生内心的认同，对学生人格的完善也大有裨益。还有开普勒花费十六年的时间才发现了开普勒三定律，而且当时提出的不仅是三个定律，而是很多个，剩下的都被时间淘汰了，他曾感叹道："十六年了，我终于从黑暗走入光明。"这种执着地对真理的追求，以及发现科学真理的不易。从能使学生深深体会到从一片混沌之中寻找真相的艰辛，能更好地对所学物理知识产生认识和感情。焦耳、普朗克、玻尔兹曼等很多人物的事迹都可以用来教育学生，任何人取得一定成就，都是来之不易的，要付出艰辛的努力和不懈的坚持，从而培养学生勤奋刻苦、不畏困难的精神。利用这些人物事迹来熏陶学生，不仅可以加深他们对物理学和人类社会关系的理解，更可以用物理学家的伟大品格熏陶他们。

在这些精神的感染下，在正反馈循环充分积累的基础上，学生不仅有了信心的积累，更有了理想信念的熏陶，容易达到一种如痴如狂的学习境界，对物理学习的情感和内在意义的认识继续扩大，甚至会认为自己在从事一项伟大工作，那么成熟的个体兴趣便发生了。

（二）情感与价值的深化：学科魅力的展示

物理学本身就是一门震撼人心的学科，通过对学科魅力的展示也能达到感染人心的效果，加强学生对物理学的情感态度以及对物理研究价值的认知。

浩瀚的宇宙，奇妙的微观世界，无一不能打动人们的心。为什么有这样一个世界？它是否有终结的那一天？宇宙有多广袤？万物是由什么组成的？时间是什么？这些都是人们灵魂深处的问题，而物理却尝试着去解答这些问题。量子的纠缠、泊松亮斑的导出、小小的核释放出巨大的能量、光乃至一切物体的波粒二象性、薛定谔的猫、天体的运动、黑洞的种种奇妙性质、相对论的尺缩钟慢质增效应，人体的每一个原子都来自一颗死亡的恒星这一事实，都使人们感到惊叹。为什么会有引力常数？原子为什么会有能级？光速为什么是 30 万公里每秒？这些问题无一不引起人们的好奇。人生而自由，却无所不在枷锁之中。对物理的欣赏和研究，将人们从日常的琐碎中解脱出来，进入科学和审美的殿堂。虽然真正的物理科研也许十分辛苦，但就物理教学而言，还需把其美好的这一面展现给学生。这样，打开学生的眼界，让学生对物理的认识不再局限于眼前的一亩三分地，从物理之中感受到美感和超越，不再仅有小木块、受力分析、光滑平面等，而带给学生一个更广阔的世界。这样学生感受到更为宏大的物理之后，也会将情感迁移到眼前这些比较基础的物理知识的学习之上，继而促进兴趣的深化。

（三）情感与价值的深化：相关资源的推介

由于教师精力的限制，可以采用推介相关资源如关于物理的科普著作、科普杂志、科普网站、纪录片、人物传记，乃至于科幻小说、科幻电影等给学生，让这些资源来帮助教师进行对物理魅力与人文精神的展示，因为这些资源本身就承载着物理独特的魅力与其内在的精神追求。采用非强制的推介方式时，可能很多学生不会在意，但总有学生回去阅览相关资源，这样就发挥了这些资源的积极影响。另外，还可以采用强制推介的方法，但形式上可以设置得巧妙一些，不可逼迫学生太紧，以免起到反效果。比如发挥作业指挥棒的作用，在传统作业的基础上，增加少量需要学生自主搜集资料的内容。比如在学到万有引力与航天这一章时，可以留这样一个问题：恒星是如何演化的？请查阅相关资料，进行说明。这样，学生在收集资料的过程中，自己就对其有了一个深刻体会，伴随着自主学习的过程，也随之会发生情感与价值的深化。

（四）思维的深化：引导学生思维物理化

雪化了变成什么？答：变成水。这是物理思维。答：变成春天。这是非物理思维。我们要培养学生的物理思维，使之内化成学生思维方式的一部分，个体兴趣高度发展的学生，思维方式与看待事物的视角也会变得偏物理化。

羽绒服穿在身上感觉沉还是拿在手里感觉沉？胖子下滑梯快还是瘦子快？为什么隔着一堵墙能听到声音？如果学生能主动思考这些问题，或在日常生活中，看到刹车就能想到惯性，看到颜色就能想起光的成分，看到星星就想起这是远处的恒星，看到摩天轮或旋转物体就能想起圆周运动相关知识等，那么其思维已经物理化了，个体兴趣也达到了完善阶段。教师要做的，就是先将自己的思维物理化，在教学中将这种思维传递出来，用身边无处不在的例子进行教学，用物理的视角帮同学们分析眼睛见到的世界。这个过程也和前面的物理知识以及生活结合起来，思维的物理化是伴随着物理和生活实际联系的知识不断积累而发生的。

各种因素对兴趣发展的作用不是单一的，浅层的使用物理与生活结合式的教学，会促使学生的情境兴趣得到保持，长时间作用的情况下，会使整个人思考问题的方式发生变化，这便是对个体兴趣的促进。因此，教师要提高自己在这方面的修养，自身能够有一个物理化的思维方式，才能用这种方式潜移默化地影响学生。

（五）目标、动机与评价体系内在化的引领

个体兴趣出现的另一特征便是学生的学习目标、价值体系等都开始内化，不再是追逐成绩提升的短期目标。教师可以通过对学生鼓励、引导的方式，促使学生的追求向内在的方向转换，从外在评价转向内在评价。比如，某个学生拓展了一些课外知识，看了一些科普节目，了解了一下物理学家的生平，这时便对学生对物理本身追求的行为大加赞扬，引导学生的追求与评价体系的内化，不再一味追求成绩，而是能够真正掌握好物理本身。同时引导学生树立学物理是为了增长自身知识、升华自我、深入了解世界的认识，"细推物理须行乐，何须浮名绊此身"，不再单纯追求结果，也开始享受过程。焦耳（James Prescott Joule）有句名言，"我的一生的乐趣在于不断地去探索未知的那个世界，如果我能够对其有一点点的了解，能有一点点的成就，那我就非常知足"，这就是一种典型的动机内在化。普朗克、卡文迪许等很多人都是这样，只要过程、不求结果，利用这些人物的事迹也可以对学生造成影响。关键是教师的引导要把鼓励和肯定的重点，放到过程上去，放到

对物理本身的探究中去。

成熟的个体兴趣发展的极端形态是狂热的个体兴趣，个体已经完全沉浸在兴趣所指向的领域当中，就像《论语》中所描述的那样，"其为人也，发愤忘食，乐以忘忧，不知老之将至云尔"，把怀表当鸡蛋扔进锅里的牛顿，一天只睡三个小时的麦克斯韦（James Clerk Maxwell）等科学家，都显示出这种极端化的个体兴趣特征。这种狂热的个体兴趣往往出现在一些伟人身上，如果学生身上也能出现这种兴趣，那教师对学生兴趣的培养，便是非常成功了。

第四节　基于电子游戏的物理学习兴趣培养实践

一、电子游戏应用于物理教学的优势

电子游戏作为一个能够提供信息的平台，就其本身而言就是一个充满知识性和技术性的产品，进行游戏的本身就是一个学习的过程。由于电子游戏的创办宗旨、受用人群、使用环境的不同，电子游戏在学习中所起的作用也不同，将电子游戏引入物理教学中又能起到什么样的作用呢？

首先，它能激发学生学习物理的兴趣，激发快乐学习，变苦学为乐学。电子游戏本身富有吸引力的情节和动作设计等，能使学习者沉浸在学习之中。

其次，由于电子游戏的交互性，会促使学习者进行一系列的思考、选择、组织信息、解决困难等行为，提高学生解决问题的能力。游戏的同时学习者还会与他人进行交流，查阅资料等，提高学习者交流与反思的能力；

最后，它可以提升学生的空间认知能力。

任何知识的学习都离不开兴趣，物理科学作为一门自然科学，本身就具有极强的趣味性和应用性，适合学生在玩中学。学习是一个循序渐进的过程，物理的学习更需要从感性到理性的认知。

在这个知识爆炸的年代，学习物理的过程，实质上就是我们对前人所研究的知识的承接过程，亲自感受前人的每一步研究是不切实际的。在接受大量信息的过程中，学生往往容易失去对物理学习的兴趣，巧妙地利用电子游戏对学生的吸引并以此来激发其学习物理的兴趣也不失为明智之举。

二、电子游戏应用于物理教学所面临的问题

在研究的过程中，将电子游戏引入到物理教学之中，确实能够培养学生学习物理的兴趣，增强其解决实际问题的能力，但是要在课堂中切实地开展也面临着很多问题，主要有以下几点原因。

首先是游戏本身，现在游戏市场上确实出现了一批专门面向学生的教育类游戏，如Game-goo、Learning planet等软件，这些软件主要是由国外设计、面向国外学生的，而且主要适合低年级学生来学习，很少有涉及自然科学的教育类游戏。随着教育的发展，教育形式的多样性，未来游戏式教学也将成为教育的一种方式。

其次是对教师能力的要求较高，教师除了要掌握学科本身知识外，还要对各种软件有较高的使用能力，对课堂要有更强的控制能力。教师应不拘泥于课本，善于发现生活中与物理有关现象，并且将其转化为学生课堂学习的内容，增强学生学习物理的兴趣。

最后还存在的问题是由于高考的压力，教师都尽可能地在课堂上传授更多知识性的内容，学生则通过大量的习题来巩固课堂上的知识。学生没有充分的时间自己体会游戏的快乐，感受物理的魅力。但在课堂上引入电子游戏的目的是提高学生的学习兴趣，所以可以在不同的知识板块里来设计一些游戏式的物理教学。

三、利用电子游戏培养学生抛体运动学习兴趣的实践研究

在抛体运动的教学中，教师引入一款十分经典的电子游戏——"愤怒的小鸟"，利用这款游戏的趣味性带动学生学习物理的兴趣。为了充分发挥这款游戏的作用，我们在一些软件的帮助下，发掘电子游戏中所蕴藏着的物理知识。

（一）教学软件的介绍

1."愤怒的小鸟"游戏简介

"愤怒的小鸟"是由Rovio Entertainment Ltd，公司开发的一款休闲益智类游戏，于21世纪初在IOS首发，随后在其他平台也开始发行。时至今日，"愤怒的小鸟"这款游戏已经开发出了很多个主题的版本，例如"太空版""里约版""星战版"等。

在最初的版本设计中，它是以抛体运动的物理规律为基础的动力学策略类游戏。这款游戏的故事背景设计得相当有趣，鸟儿以自己的身体作为武器，通过弹弓的帮助像炮弹一样去攻击躲藏在建筑物里的肥猪，以报复它们偷走了鸟蛋。这款游戏画面简洁、色彩分明、游戏配乐欢快、节奏轻松。由于这款游戏中"愤怒小鸟"的运动轨迹的设计是基于运动学规律，

我们就可以利用观察和分析"愤怒小鸟"的运动状态来研究抛体运动的一些规律。

2. 视频记录软件——Fraps 简体中文版

Fraps 是一款由 Beepa 公司开发的一款免费显卡辅助类软件，Fraps 简体中文版则是为了适应中国用户而改良后的新版本。这款软件具有在游戏中截图和视频捕捉的功能，我们就可以利用它来截取一段游戏视频来具体分析。

它还可以测试运行游戏时的帧数，在屏幕角上能看到每秒帧数，同时也可以执行用户定义的测试和测量任意两点间的帧数。这款软件很容易操作，只需要在进行游戏时按下预先设置好的热键，就可以捕捉所需要记录的视频。在这里我们主要就利用这个软件来记录游戏进行过程中的某一个片段。

3. 视频分析软件——Tracker

Tracker 这个软件是由 Brown 团队开发，主要用于分析视频中的物理参数，是开放物理课程教学计划之一，这个计划向全世界学生和教师提供免费的物理教学和学习软件。这款软件十分简单直观，易于使用，是帮助学生学习运动学知识的优秀工具。它还可以追踪视频中物体的运动轨迹，并且可以直接导出运动物体的坐标数据以及运动时间图像，以更好地帮助学生分析物体运动的规律。

（二）教学材料的准备

首先在"愤怒的小鸟"游戏中选取一段合适的适用于教学的游戏片段，通过 Fraps 简体中文版软件进行捕捉，记录一段大约 20 秒左右的游戏视频，在进行游戏的过程中使用 Fraps 软件游戏画面会稍微有些卡。我们可以根据 Fraps 软件的设置功能，来设置每秒钟记录帧的数量，在这里选取的是每秒钟记录 30 帧。

将录制好的视频在 Tracker 软件中打开，建立固定的直角坐标系，为了研究问题方便，选取"愤怒小鸟"运动的初始位置为坐标原点，当让小鸟运动时，需要拉动弹弓，要注意的是这时候小鸟运动的初始位置会发生变化。让学生观察"愤怒小鸟"的运动轨迹，通过设置可以追踪"愤怒小鸟"的运动过程，通过 Tracker 软件我们还可以导出其运动的位移时间图像和坐标，它还会直接生成坐标图像的函数，通过这些内容可以帮助学生分析抛体运动的规律。

（三）教学策略

在分析影像之前，就如同物理学一开始分析物体的运动时，首先必须处理的是建立一个可供量度的时空坐标和尺规，也要建立位置坐标，确定时间和单位长度。虽然时空坐标的原点不一定要与物体运动的原点相同，但为了方便起见，可以将物体位置的起点与运动开始的时间点作为时空的原点。

从时间尺规上，由于影片拍摄时设置的每秒 30 帧，而在 Tracker 软件中可以观察到总帧数和每一帧的画面，因此不再设置时间的尺规。在空间尺规上，可以设置一个标准长度和单位，例如设置一个定标尺规定单位长度为 10 米。这样一来我们就可以讨论一些抛体运动的基本概念，如位置、运动轨迹等，还可以让学生观察视频，分析"愤怒小鸟"的速度变化情况。

根据 Tracker 中追踪"愤怒小鸟"的运动状态能够得到做斜抛运动的物体的运动时间图像。教师还可以介绍运动合成的概念，探索两种基本运动类型匀速直线运动和匀变速直线运动的合成。

四、游戏中的物理知识

（一）斜抛的概念

学生通过观察"愤怒小鸟"的运动发现，"愤怒小鸟"在弹弓的作用下获得一定的速度飞出，在空中只受重力的作用下其运动轨迹是一条抛物线。学生可以通过亲手操作游戏，不断改变初速度的方向，亲自感受只有当"愤怒小鸟"具有一定的初速度 v_0，并且初速度 v_0 的方向与重力的方向不在同一直线上时，其运动的轨迹才是曲线，做的才是抛体运动；当初速度 v_0 的方向水平时是平抛运动；当初速度 v_0 的方向斜向上时物体做的是斜抛运动。

（二）运动的合成

通过对"愤怒小鸟"的轨迹跟踪，每隔相同的帧数即相同的时间，找到"愤怒小鸟"的位置，并标记在 x、y 轴上的对应位置，这两个粒子就像"愤怒小鸟"投射在 x、y 轴上的影子一样跟随其一起运动。"愤怒小鸟"的运动就可以看成是在 x、y 轴上两个粒子运动的合成。学生根据对原点处"愤怒小鸟"的速度进行分解，就能求出粒子在 x、y 轴运动的初速度。

（三）斜抛运动的特点

斜抛运动具有对称性的特点。"愤怒小鸟"通过弹弓的作用以一定的速度斜射出去后，上升到某一高度后开始下落，在上升和下落这两个过程中，会出现轨迹对称、时间对称、速度对称、角度对称。

参考文献

［1］伏振兴. 物理基础教学改革研究［M］. 阳光出版社：2019. 12.

［2］隋荣家，李永成，王登虎. 基础物理教学研究［M］. 汕头：汕头大学出版社，2019. 03.

［3］何善亮. 物理教学的基本问题［M］. 南京：南京师范大学出版社，2019. 08.

［4］张怀斌. 基础教育与教学研究［M］. 陕西师范大学出版总社，2019. 09.

［5］华雪侠. 中学物理实验教学行为的研究［M］. 陕西师范大学出版总社，2019. 12.

［6］王震. 中学物理教学论［M］. 大连：辽宁师范大学出版社，2019. 08.

［7］杨晓青，邓友斌，王涛. 在物理教学中实现有效教学的策略研究［M］. 长春：吉林大学出版社，2019. 02.

［8］白源法等编著. 新技术新媒体在中学物理教学中的应用［M］. 福州：福建教育出版社，2019. 01.

［9］王强，黄永超，徐学军. 现代信息技术与物理教学结合研究［M］. 长春：吉林人民出版社，2019. 10.

［10］王较过，马亚鹏，任丽平. 中学物理教学案例研究［M］. 陕西师范大学出版总社，2019. 06.

［11］王家山. 高中物理教学与解题研究［M］. 上海：上海社会科学院出版社，2020.

［12］孙明杰，杨泽伟，杨继增. 高中物理分层教学的有效性探究［M］. 长春：吉林人民出版社，2020. 06.

［13］张玉峰. 高中物理概念学习进阶及其教学应用研究［M］. 南宁：广西教育出版社，2020. 09.

［14］龚彤，王建，胡远刚. 中学物理数学方法简述［M］. 重庆：重庆大学出版社，2020. 05.

［15］翁华，杨晓华，黄柳华. 物理教学与学习兴趣培养研究［M］. 长春：吉林人民出版

社，2020. 11.

[16] 陈允怡. STEM 教育与高中物理教学的融合探索 ［M］. 广州：华南理工大学出版社，2020. 05.

[17] 程宏亮. 指向核心素养的物理教学创新思考 ［M］. 长春：东北师范大学出版社，2020. 09.

[18] 徐智发. 信息时代初中物理教学方法研究 ［M］. 天津：天津科学技术出版社，2020. 07.

[19] 吴卫锋. 初中物理创新教学研究与实践 ［M］. 青岛：中国海洋大学出版社，2020. 07.

[20] 马亚鹏. 中学物理教育教学问题研究 ［M］. 陕西师范大学出版总社有限公司，2020. 06.

[21] 周兆富. 中学物理教学研究 ［M］. 西安：陕西科学技术出版社，2021. 06.

[22] 杨昌彪. 高中物理教学设计 ［M］. 成都：西南交通大学出版社，2021. 11.

[23] 巨晓红. 基于核心素养的初中物理教学实践 ［M］. 长春：吉林人民出版社，2021. 08.

[24] 杨宏. 基于核心素养的高中物理教学设计与方法 ［M］. 长春：吉林人民出版社，2021. 08.

[25] 尚雪丽. 寻万物以理：基于核心素养的初中物理教学探索与实践 ［M］. 昆明：云南科技出版社，2021. 05.

[26] 向敏龙. 情思物理基于物理情境教学的探索与实践 ［M］. 长春：东北师范大学出版社，2021. 08.

[27] 黄洪才. 基于核心素养的中学物理课堂教学 ［M］. 长沙：湖南师范大学出版社，2021. 01.

[28] 李靖. 高中物理核心内容及其教学策略 ［M］. 长春：吉林人民出版社，2021. 09.

[29] 瞿永明. 高中物理课程教学的思考与创新 ［M］. 长春：吉林人民出版社，2021. 10.

[30] 周燕，苏庆顺，冉克宁. 物理创新性教学与信息技术结合研究 ［M］. 长春：吉林人民出版社，2021. 06.